Wissenschaftliche Taschenbücher WTB

Biologie

Eiweiße und Nucleinsäuren als biologische Makromoleküle

Dynamische Biochemie

WTB Wissenschaftliche Taschenbücher

ROLF BORSDORF / MANFRED SCHOLZ
Spektroskopische Methoden in der organischen Chemie

WERNER HABERDITZL
Magnetochemie

GERHARD HEBER
Mathematische Hilfsmittel der Physik, Teil I und II

A. A. SOKOLOW
Elementarteilchen

HERBERT GOERING
Elementare Methoden zur Lösung von Differentialgleichungsproblemen

HEINZ AHRENS
Varianzanalyse

HANS JÜRGEN TREDER
Relativität und Kosmos
Raum und Zeit in Physik, Astronomie und Kosmologie

ALBERT EINSTEIN
Grundzüge der Relativitätstheorie

ALBERT EINSTEIN
Über die spezielle und die allgemeine Relativitätstheorie

GÜNTHER LUDWIG
Wellenmechanik, Einführung und Originaltexte

HARRY PAUL
Lasertheorie, Teil I und II

FRANZ RUDOLF KESSLER
Einführung in die physikalischen Grundlagen der Kernenergiegewinnung

EBERHARD HOFMANN
Eiweiße und Nucleinsäuren als biologische Makromoleküle. Dynamische Biochemie, Teil I

EBERHARD TEUSCHER
Pharmakognosie, Teil I und II

Vorschau auf die nächsten Bände:

STEPHEN G. BRUSH

Kinetische Theorie, Teil I und II
Einführung und Originaltexte

D. TER HAAR

Quantentheorie. Einführung und Originaltexte

J. H. SANDERS

Die Lichtgeschwindigkeit
Einführung und Originaltexte

FERDINAND CAP

Einführung in die Plasmaphysik
I. Theoretische Grundlagen
— insgesamt 3 Bände —

G. D. SMITH

Numerische Lösung von partiellen Differentialgleichungen
Mit Aufgaben und Lösungen

JEAN KUNTZMANN

Komplexe Veränderliche
Mit 90 Übungen und 37 Aufgaben

JEAN KUNTZMANN

Systeme von Differentialgleichungen
Mit 88 Übungen und 40 Aufgaben

WTB

BAND 33

Eberhard Hofmann

Eiweiße und Nucleinsäuren als biologische Makromoleküle

Dynamische Biochemie I

2., völlig überarbeitete Auflage

Mit 30 Abbildungen und 11 Tabellen

AKADEMIE-VERLAG · BERLIN

PERGAMON PRESS · OXFORD

VIEWEG & SOHN · BRAUNSCHWEIG

Reihe BIOLOGIE

Herausgeber:
Prof. Dr. H. Borriss, Greifswald
Prof. Dr. E. Hofmann, Leipzig
Prof. Dr. J. O. Hüsing, Halle/Saale
Prof. Dr. M. Klinkowski, Aschersleben
Prof. Dr. W. Schwartz, Hamburg

Verantwortlicher Herausgeber dieses Bandes
Prof. Dr. E. Hofmann

Verfasser
Prof. Dr. Eberhard Hofmann
Leipzig

ISBN: 3528 06033 6

1970

Lizenznummer: 202 · 100/449/69
Druck: VEB Druckhaus „Maxim Gorki", 74 Altenburg
Bestellnummer: Akademie-Verlag 7033 · ES 18 G 1
Pergamon Press 08 00 68 42 1
Vieweg & Sohn 60 33
Printed in German Democratic Republic

Vorwort zur 2. Auflage

Seit dem Erscheinen der ersten Auflage der „Dynamischen Biochemie“ im Jahre 1966 hat diese Wissenschaft weitere Fortschritte gemacht und vor allem wesentliche Erkenntnisse auf den Gebieten der Struktur und Funktion biologischer Makromoleküle, der Mechanismen ihrer Synthese den Prinzipien der Regulation des intermediären Stoffwechsels, sowie der Informationsspeicherung und Informationsübertragung auf molekularer Ebene gewinnen können. Die Verflechtungen zu anderen Wissenschaftsgebieten sind noch enger geworden. Dies ist einer der wesentlichen Gründe für das sich weiter erhöhende Entwicklungstempo der biologischen Wissenschaften und für das tiefere Eindringen in die Zusammenhänge und Gesetzmäßigkeiten der Lebensprozesse. Ein weiteres Kennzeichen moderner Wissenschaftsentwicklung ist die zielstrebige Orientierung der Grundlagenforschung auf Schwerpunkte im nationalen wie internationalen Maßstab.

Der Verfasser hofft, daß es ihm gelingen wird, die Dynamik der Wissenschaftsentwicklung und die Denkweisen der modernen Biochemie dem Leser, vor allem dem jungen Studenten, lebendig machen zu können. Gegenüber der ersten Auflage wurde der Umfang der ursprünglich zwei Teile umfassenden „Dynamischen Biochemie“ erweitert. Die zweite Auflage wird in etwa vier Bänden erscheinen, deren Inhalt im Titel wiedergegeben wird. Der erste Teil ist vor allem der Struktur der Eiweiße und Nucleinsäuren gewidmet, die durch ihre biokatalytischen und informationstragenden Eigenschaften grundlegende Funktionen in der belebten Materie ausüben. Im zweiten

Teil werden die Enzyme, die biochemische Thermodynamik, sowie die energieliefernden Stoffwechselreaktionen abgehandelt. Der dritte Teil ist dem Stoffwechsel der biologischen Makromoleküle sowie der Topochemie der Zelle gewidmet. Der vierte Teil wird sich mit der Informationsspeicherung und Informationsübertragung auf molekularer Ebene beschäftigen.

Auch bei der Abfassung der zweiten Auflage bin ich durch einige meiner Mitarbeiter sehr unterstützt worden. Besonders dankbar bin ich Herrn Dr. Gerhard Kopperschläger für die Bearbeitung der Kapitel Thermodynamik und Physikalische Chemie der Proteine sowie Herrn Dr. Jürgen Schulz für die Darstellung des Eiweißstoffwechsels. Herrn Dr. Karl Nißler danke ich besonders herzlich für die sorgfältige Durchsicht des Manuskriptes, das Lesen der Korrekturen, sowie für die Anfertigung des Registers. Fräulein E. Kaiser danke ich sehr für ihren großen Einsatz beim Schreiben des Manuskriptes. Herr Rudolf Ledig hat mit großer Sorgfalt die neu hinzugekommenen und veränderten Abbildungen gezeichnet. Auch ihm gebührt mein besonderer Dank.

Dem Verlag danke ich wiederum für sein Entgegenkommen, vor allem für seine große Geduld für die Terminänderungen, um die ich wieder und wieder zu bitten gezwungen war.

Möge auch die zweite Auflage der „Dynamischen Biochemie“ eine freundliche Aufnahme finden und dazu beitragen, bei den Lesern ein tieferes Interesse für die Biochemie zu wecken.

Leipzig, im Herbst 1969 E. Hofmann

Inhaltsverzeichnis

Abkürzungsverzeichnis

1. Aminosäuren und Peptide

Ala	Alanin
Arg	Arginin
Asp	Aspartat
Asp-NH_2	Asparagin
Cys, Cys.SH	Cystein
Cys.S—S.Cys	Cystin
Glu	Glutamat
Glu-NH_2	Glutamin
Gly	Glycin
His	Histidin
Ileu	Isoleucin
Leu	Leucin
Lys	Lysin
Met	Methionin
Phe	Phenylalanin
Pro	Prolin
Ser	Serin
Thre	Threonin
Try	Tryptophan
Tyr	Tyrosin
Val	Valin
G.SH	Glutathion
G.S—S.G	oxydiertes Glutathion

2. Coenzyme und Nucleinstoffe

APP	Aneurinpyrophosphat
CoA.SH CoA	Coenzym A
FH_2	Dihydrofolsäure
FH_4	Tetrahydrofolsäure
Py-Ⓟ	Pyridoxalphosphat
A	Adenin
C	Cytosin
G	Guanin
H	Hypoxanthin
T	Thymin
U	Uracil
AMP	Adenosinmonophosphat, Adenylat
CMP	Cytidinmonophosphat
GMP	Guanosinmonophosphat
IMP	Inosinmonophosphat
TMP	Thymidinmonophosphat
UMP	Uridinmonophosphat
ADP	Adenosindiphosphat
CDP	Cytidindiphosphat
GDP	Guanosindiphosphat
IDP	Inosindiphosphat
TDP	Thymidindiphosphat
UDP	Uridindiphosphat
ATP	Adenosintriphosphat
CTP	Cytidintriphosphat
GTP	Guanosintriphosphat
ITP	Inosintriphosphat
TTP	Thymidintriphosphat
UTP	Uridintriphosphat
dAMP A-dR-Ⓟ	Adenindesoxyribosephosphat
	Entsprechend sind die Desoxyverbindungen der anderen Nucleotide abgekürzt
A-R	Adenosin
A-R-Ⓟ	Adenosinmonophosphat

A-R-Ⓟ-Ⓟ	Adenosindiphosphat
A-R-Ⓟ-Ⓟ-Ⓟ	Adenosintriphosphat Entsprechend sin ddie Nucleoside bzw. die Nucleosid-mono-, -di- und triphosphate der anderen Basen abgekürzt.
FAD	Flavin-adenin-dinucleotid
$FADH_2$	Flavin-adenin-dinucleotid, reduziert
FMN	Flavinmononucleotid
NAD (NAD^+) früher DPN^+	Nicotinsäureamid-adenin-dinucleotid
$NADH_2$ ($NADH + H^+$)	Nicotinsäureamid-adenin-dinucleotid, reduziert
$NADP^+$ früher TPN^+	Nicotinsäureamid-adenin-dinucleotid-phosphat
$NADPH_2$ ($NADPH + H^+$)	Nicotinsäureamid-adenin-dinucleotid-phosphat, reduziert
DNS	Desoxyribonucleinsäure
RNS	Ribonucleinsäure

3. Enzyme

ADH	Alkoholdehydrogenase
DNase	Desoxyribonuclease
GOT	Glutamat-Oxalacetat-Transaminase
GPT	Glutamat-Pyruvat-Transaminase
LDH	Lactat-Dehydrogenase
MDH	Malat-Dehydrogenase
RNase	Ribonuclease

4. Hormone und hormonproduzierende Organe

ACTH	Adrenocorticotropes Hormon
HHL	Hypophysenhinterlappen
HVL	Hypophysenvorderlappen
NNM	Nebennierenmark
NNR	Nebennierenrinde

5. Kohlenhydrate und einige Metabolite

dR	Desoxyribose
R	Ribose
Fruc-1-Ⓟ	Fructose-1-phosphat
Fruc-6-Ⓟ	Fructose-6-phosphat
Fruc-1,6-di-Ⓟ FDP	Fructose-1,6-diphosphat
Gal-1-Ⓟ	Galaktose-1-phosphat
Gluc-1-Ⓟ	Glucose-1-phosphat
Gluc-6-Ⓟ	Glucose-6-phosphat
Gluc-1,6-di-Ⓟ	Glucose-1,6-diphosphat
Glycerat-2-Ⓟ	Glycerat-2-phosphat, 2-Phosphoglycerinsäure
Glycerat-3-Ⓟ	Glycerat-3-phosphat, 3-Phosphoglycerinsäure
Glycerat-1,3-di-Ⓟ	Glycerat-1,3-diphosphat, 1,3-Phosphoglycerinsäure
Glycerat-2,3-di-Ⓟ	Glycerat-2,3-diphosphat, 2,3-Phosphoglycerinsäure

6. Verschiedenes

BAL	Dimercaptopropanol (British Anti-Lewisite)
DNP	2,4-Dinitrophenol
Hb	Hämoglobin
$Hb\text{-}O_2$	Oxyhämoglobin
IP	Isoelektrischer Punkt
K_I	Hemmkonstante
K_M	Michaelis-Konstante
Met-Hb	Methämoglobin
MG	Molekulargewicht
Ⓟ	anorganisches Phosphat
Ⓟ-Ⓟ	Pyrophosphat

~Ⓟ bedeutet energiereiche Phosphatverbindungen.

1. Einführung

1.1. Gegenstand der Biochemie

Die Wissenschaft vom Leben, die *Biologie*, beschäftigt sich mit der Vielfältigkeit und Differenziertheit der belebten Materie und den Gesetzmäßigkeiten, die ihr innewohnen. Notwendigerweise besitzt sie viele verschiedene Aspekte, die in der Aufgliederung in Teilgebiete und der Mannigfaltigkeit ihrer Fragestellungen äußerlich erkennbar werden. Die Biochemie ist ein solches Teilgebiet der Biologie. Sie umfaßt alle Bereiche der Lebewesen: Tiere, Pflanzen, Mikroorganismen und Viren. Als „Chemie des Lebens" befaßt sie sich mit der stofflichen Zusammensetzung der Lebewesen sowie mit der großen Vielfalt der gegenseitigen Umwandlungen dieser Stoffe in der belebten Welt. Diese Prozesse faßt man allgemein als Stoffwechsel zusammen. Der Stoffwechsel ist das wichtigste Kennzeichen des Lebens. Ohne den Stoffwechsel sind alle weiteren Merkmale lebendiger Systeme, wie Wachstum, Fortpflanzung, Reizbarkeit u. a. undenkbar. Alle letztgenannten Eigenschaften sind auf das Stoffwechselgeschehen zurückzuführen. Dies macht die Vielfältigkeit der biochemischen Probleme offenkundig und unterstreicht gleichzeitig die Stellung des Faches im Rahmen der Naturwissenschaften.

Die *Biochemie* spielt nicht nur eine hervorragende Rolle in der Erkennung von Naturgesetzen, sie beeinflußt auch viele Bereiche der *angewandten Biologie,* wie *Medizin Landwirtschaft* und *Nahrungsgüterproduktion.* Wie von der Biochemie viele Impulse ausgehen, die die Biologie und die angewandten Fächer nachhaltig beeinflussen und deren Entwicklung weitgehend bestimmen, empfängt die Biochemie ständig neue Anregungen von diesen Disziplinen, einschließlich der Chemie und Physik, die für den Fortschritt der Naturerkenntnis von unschätzbarem Wert sind.

Die historische Entwicklung der Biochemie ist eng mit der Physiologie und der Organischen Chemie verbunden und erfolgte in ständiger Wechselwirkung mit diesen Fächern. Im Verhältnis zur Morphologie ist die Biochemie eine junge Wissenschaft, die erst als selbständiges Fach enstand, als die Naturwissenschaften, insbesondere die Physiologie und Chemie, einen bestimmten Stand in ihrer Entwicklung erreicht hatten. Die Organische Chemie war anfangs nahezu eine reine Biochemie (LAVOISIER, LIEBIG, BERZELIUS, WÖHLER). Mit der Entwicklung der Farbenchemie verschob sich um die Mitte des vergangenen Jahrhunderts das Interesse der Organischen Chemie in eine andere Richtung. Die dabei gewonnenen Erkenntnisse in der Kohlenstoffchemie kamen der Biochemie später wieder zugute, als sie dann als selbständiges Fach in Erscheinung trat.

In Deutschland und einigen anderen europäischen Ländern hat sich das Fach vorwiegend als *Physiologische Chemie* aus der *Physiologie* entwickelt. Es ist im Hinblick auf die Zielstellung der Biochemie verständlich, daß in der Medizin besonders gute Möglichkeiten für ihr rasches Wachstum bestanden. Als Lehrfach an den Medizinischen Fakultäten steht der Stoffwechsel des Menschen und der Säugetiere im Mittelpunkt des Interesses der Physiologischen Chemie. Durch die Entwicklung der Medizin und Naturwissenschaften hat die Physiologische Chemie in den letzten zwanzig Jahren eine grundlegende Erweiterung erfahren. Sie beruht heute auf dem Fundament der Einheitlichkeit der belebten Welt und auf dem Gesetz der grundsätzlichen Übereinstimmung der Stoffwechselreaktionen in allen Lebewesen. Indem das Lehrprogramm der Physiologischen Chemie die allgemeine und spezielle Biochemie einschließt, ermöglicht sie ein generelles Verständnis des Stoffwechsels des Menschen. Wir betrachten heute die Biochemie als eine grundlegende Disziplin aller biologischen Wissenschaften. Die klassische Physiologische Chemie ist in ihr aufgegangen. In enger Wechselwirkung zwischen Biochemie, Pathologischer Physiologie und Klinischer Medizin entsteht gegenwärtig eine neue Wissenschaft, die Pathobiochemie.

In der Entwicklung der Biochemie muß man eine statische und eine dynamische Etappe unterscheiden. Sie spiegelt sich in den Begriffen „deskriptive" und „dynamische" Biochemie wieder. Die statische Etappe ist dadurch charakterisiert, daß man sich dabei vorwiegend mit der Bestandsaufnahme der in den Lebewesen vorkommenden Substanzen, ihrer Strukturaufklärung und der Analyse ihrer quantitativen Verteilung im Reiche des Lebendigen befaßte. In dem Maße, wie man diese Stoffe kennenlernte, wuchs natürlich das Interesse für die chemischen Reaktionen, die diese in der belebten Materie eingehen, d. h. für ihre Synthese- und Abbauwege sowie ihre gegenseitigen Umwandlungsmöglichkeiten. Gegenwärtig steht die dynamische Biochemie im Vordergrund des Interesses. Trotzdem kann man die deskriptive Biochemie noch nicht als abgeschlossen betrachten. Häufig werden im Rahmen von dynamischen Fragestellungen neue Substanzen in der belebten Welt gefunden, z. B. in Form von bisher unbekannten Zwischenprodukten von Stoffwechselketten.

Die Fragestellungen der Biochemie kommen aus dem großen Problemreichtum der Biologie und ihrer angewandten Disziplinen. Die Methoden, deren sich die Biochemie zu ihrer adäquaten Bearbeitung bedient, sind sehr vielfältig. Neben den klassischen analytischen und präparativen Verfahren der Chemie und physiologischen Methoden sowie physikalisch-chemischen, physikalischen und mathematischen Meß- und Prüfverfahren hat die Biochemie ihre eigene spezifische Methodik entwickelt, die „Enzymatik". Diese reicht weit über das Gebiet der Biochemie hinaus und greift in die Chemie, in die Physikalische Chemie, die Technologie, viele Bereiche der Medizin usw. ein. Wenn man davon ausgeht, daß eine Wissenschaft durch die Spezifität ihres Inhaltes und ihrer Methodik determiniert wird, so läßt sich daraus die Berechtigung herleiten, daß die Biochemie eine eigenständige Wissenschaft ist, die viele Beziehungen zu anderen Disziplinen hat und mit diesen in enger Wechselwirkung steht.

1.2. Entwicklungsrichtungen der dynamischen Biochemie

Es ist verständlich, daß sich das Interesse der Biochemiker zunächst dem Stoffwechsel der niedrigmolekularen Substanzen zuwandte. Aus der präparativen und analytischen Chemie waren Verfahren bekannt, die für Synthese und Bestimmung solcher Stoffe dienen konnten. Eng im Zusammenhang damit stand die Frage, auf welche Weise diese Stoffe ineinander umgewandelt werden. Schon im vorigen Jahrhundert wurde die Aufmerksamkeit auf die Katalysatoren der lebendigen Substanz, die Enzyme, gelenkt. Zu Beginn dieses Jahrhunderts, vor allem vom Jahre 1920 an, trat eine stürmische Entwicklung der Enzymchemie ein. Die Isolierung und Kristallisation von Enzymen, z. B. der des anaeroben Kohlenhydratstoffwechsels durch Warburg, Meyerhof, Lohmann u. a. führte zum Kennenlernen von Reaktionsmechanismen, zur Aufgliederung von Reaktionsketten in Teilreaktionen, zur Kenntnis der Wirkungsweise von Coenzymen und ihrer Beziehungen zu den zugehörigen Enzymproteinen, zur Entdeckung einfacher Methoden der Messung von Enzymaktivitäten usw. Diese analytische Betrachtungsweise, die von der Zergliederung der Organismen ausging und über die Untersuchung des Organ- und Gewebestoffwechsels zur Messung und Charakterisierung von Einzelreaktionen des intermediären Stoffwechsels führte, brachte eine Fülle von Entdeckungen, die zum Verständnis vieler biologischer Prozesse führten. Meilensteine dieser Entwicklung waren die Entdeckung der Reaktionsfolge der Gärung und Glykolyse, das Auffinden der Glieder der Atmungskette und ihres Zusammenwirkens, die Entdeckung von Reaktionscyclen (Tricarbonsäurecyclus, Harnstoffcyclus, Fettsäurespirale, Glycincyclus, Photosynthesecyclus u. a.) und die Entdeckung von energiespeichernden und energieübertragenden Substanzen und deren Bedeutung im Stoffwechsel.

Die Aufklärung der Grundmechanismen des intermediären Stoffwechsels stellte die Voraussetzung zur Bearbeitung des komplizierten Stoffwechsels der makromolekularen Stoffe dar. Nach der ersten enzymatischen in-vitro-Synthese der Amylose mittels Kartoffelphosphorylase durch CORI (1938) gab es große Bemühungen, die Biosynthese hochkomplizierter Makromoleküle, wie die der Nucleinsäuren und der Proteine, aufzuklären. Es ist verständlich, daß dabei viele erkenntnistheoretische und methodische Hindernisse zu überwinden waren. Die Methoden der Chromatographie wurden verfeinert und allgemein angewandt. Viele optische Methoden (Lichtabsorption, Fluoreszenz, Lichtstreuung, Strömungsdoppelbrechung, Elektronenoptik u. a.) sowie kernphysikalische und elektrische Methoden fanden Eingang in das biochemische Laboratorium.

Hand in Hand mit der Erforschung der Einzelreaktionen des intermediären Stoffwechsels wurden Fragen der intrazellulären Lokalisation der Stoffwechselprozesse bearbeitet. Auf diesem Gebiet traf sich die Biochemie mit der experimentellen Morphologie.

Die Methoden der Elektronenmikroskopie und die von den Biochemikern entwickelten Verfahren zur präparativen Gewinnung verschiedener subzellulärer Fraktionen (Membranen, Mitochondrien, Mikrosomen, Kerne) mit Hilfe der Ultrazentrifuge ergänzten einander und erbrachten grundlegende Kenntnisse über die Beziehungen zwischen den subzellulären Strukturen und dem Zellstoffwechsel.

Die Erforschung des Stoffwechsels der Mikroorganismen und der Viren erwies sich als bedeutsam für das Verständnis vieler Stoffwechselreaktionen und ihrer Regulationsprinzipien. Sie förderten das Verständnis für den Stoffwechsel von höher differenzierten Organismen.

Die Untersuchung der Chemie der Nucleinsäuren, ihrer Lokalisation innerhalb der Zellen und ihres Vorkommens in den Viren sowie die Erforschung ihres Stoffwechsels schlug eine für die moderne Biologie entscheidende Brücke zur Genetik. Die Entdeckung der Desoxyribonucleinsäure als Vererbungssubstanz brachte ungeahnte Impulse in die biologischen Wissenschaften. Man begann die Beziehungen zwischen der spezifischen Aminosäuresequenz der Proteine und der Nucleotidsequenz der Nucleinsäuren zu verstehen. Ein Grundproblem der Naturwissenschaft, welches mit der Entdeckung der Vererbungsgesetze durch MENDEL aufgeworfen wurde und die Abhängigkeit des Phänotyps eines Organismus vom Genotyp und von den Einflüssen der Umwelt betrifft, konnte durch diese Erkenntnisse einer Lösung nahegebracht werden. Die Entdeckung der genetischen Codierung der Aminosäuresequenz von Proteinen, d. h. der Art der Verschlüsselung der Proteinstruktur in der genetischen Substanz, die als eine der wesentlichen Erkenntnisse der Biologie dieses Jahrhunderts anzusehen ist, lieferte in Form der *Universalität des genetischen Codes* einen weiteren Beweis für die Einheitlichkeit der belebten Natur. Dabei entstand eine neue Wissenschaft, die *Molekularbiologie*.

Die Erkennung vieler Stoffwechseldefekte des Menschen als vererbbare Krankheiten führte zur Kennzeichnung sogenannter Molekularkrankheiten und trug zur Entwicklung der *Humangenetik* bei. Der Nachweis abnorm aufgebauter Proteine, die sich wie im Falle des Sichelzellhämoglobins (HbS) nur in einer einzigen Aminosäureposition entlang der Polypeptidkette vom normalen Protein (HbA) zu unterscheiden brauchen, ermöglicht in Verbindung mit der Aufklärung des genetischen Codes eine vollständige Analyse derartiger Störungen.

Noch ist diese Entwicklung nicht abgeschlossen. Mit steigender Spezialisierung in den Fragestellungen und dem tieferen Eindringen in die Feinmechanismen schwinden die Grenzen der Einzelwissenschaften. Auf dieser Ebene verschmelzen Biochemie, Genetik, Morphologie und Pathologie mit der Physik, Chemie, Mathematik und Informationstheorie. Es tritt das scheinbar paradoxe Phänomen auf, daß mit steigender Spezialisierung der Einzelwissenschaften die Allgemeingültigkeit ihrer Aussagen mehr und mehr wächst.

1.3. Analysierende und synthetisierende Betrachtungsweise

Mit der Kenntnis der Einzelreaktionen und der Reaktionsketten und -cyclen wuchs das Bedürfnis, durch eine synthetisierende Betrachtungsweise das Zusammenspiel der vielfältigen Reaktionen in einer Zelle, einem Zellverband, einem Organ und schließlich im gesamten Organismus zu verstehen. Diese Fragestellungen berührten auch die komplexen Beziehungen der subzellulären Anteile der Zellen untereinander. Es wurden mannigfaltige Regulationsprinzipien des intermediären Stoffwechsels entdeckt, die auf den Ebenen der Einzelenzyme, der Reaktionsketten, der Einzelzellen oder des Gewebs- oder Organverbandes sowie auf dem Niveau des intakten Organismus wirksam sein können. Sie werden als *metabolische, epigenetische* und *genetische Regulationsebenen* bezeichnet.

Die Beeinflussung von Enzymaktivitäten durch verschiedene Effektoren und die Erscheinungen positiver und negativer Rückkopplung innerhalb enzymatischer Systeme stehen im Vordergrund des Interesses. Als außerordentlich fruchtbar hat sich die Theorie von der Beeinflussung der Genaktivität durch hemmende und aktivierende Substanzen (Induktoren und Repressoren) erwiesen. Im Zusammenhang damit steht die Adaptation der Organismen an bestimmte Umweltbedingungen, d. h. die Veränderung des Stoffwechsels in Abhängigkeit vom Milieu. Hier wurden interessante Regulationsphänomene entdeckt, die genetisch fixiert sind und die die Ökonomie des lebendigen Organismus, also die Plastizität seines

Stoffwechsels, deutlich werden lassen. Es besteht kein Zweifel, daß derartige Erscheinungen nicht nur in Mikroorganismen vorkommen, bei denen sie auf Grund ihrer relativen genetischen und metabolischen Einfachheit erfolgreich studiert werden konnten, sondern daß sie auch in höher differenzierten Lebewesen existieren.

Die Rolle der Hormone als Regulatoren des Stoffwechsels von Organ- und Gewebsverbänden sowie des gesamten Organismus wurde weiterhin untersucht. In einigen Fällen konnte ihr Angriffspunkt im Zwischenstoffwechsel, d. h. der Feinmechanismus ihrer Wirkung, aufgeklärt werden.

Das Wissen um die grundlegenden Mechanismen des Stoffwechsels weckte das Interesse zur Erforschung hochspezialisierter biologischer Erscheinungen. Genannt seien die Biochemie der Muskeltätigkeit, der Nervenerregbarkeit und der Erregungsleitung, die chemischen Reaktionen beim Sehvorgang und die Ursachen der Lumineszenz verschiedener Organismen. In neuerer Zeit sind die biochemischen Grundlagen des Gedächtnisses und des Denkens, also die höchsten Funktionen biologischer Systeme, einer experimentellen Bearbeitung zugänglich gemacht worden. Weitere biologische Phänomene, wie die biochemischen Gesetzmäßigkeiten der Differenzierung und Reifung sowie die Vorgänge der Alterung und des Sterbens, haben das Interesse der Biochemiker gefunden.

1.4. Der Ursprung des Lebens

Die Entstehung des Lebens auf der Erde ist ein chemisches und physikalisch-chemisches, also ein naturwissenschaftliches Problem. Unter Verwertung aller verfügbaren Erkenntnisse sind Vorstellungen über die möglichen Ereignisse, die zur Entstehung einfacher lebendiger Systeme geführt haben können, entwickelt worden (OPARIN, HALDANE, CALVIN, UREY). Einige Hypothesen sind einer Prüfung zugänglich, so daß sie experimentell erhärtet werden konnten.

Das Alter der Erde wird auf etwa 4,5 Milliarden Jahre geschätzt, die ältesten Gebirge sind etwa 3 Milliarden Jahre alt. Es ist anzunehmen, daß Leben seit etwa 1,5 Milliarden Jahren auf der Erde existiert. In der Atmosphäre der Urerde fehlte wahrscheinlich Sauerstoff. Methan, Wasserstoff, Ammoniak, Wasserdampf, später auch Kohlenmonoxyd, Kohlendioxyd und Stickstoff waren vorhanden. Infolge der Einwirkung von ultraviolettem Licht und elektrischen Entladungen kam es möglicherweise zur Bildung von Aminosäuren, Pyrimidin- und Purinbasen und anderen organischen Molekülen. Im Laboratorium konnte die Bildung solcher Substanzen unter künstlich geschaffenen Bedingungen nachgeahmt werden.

Die Entstehung von Makromolekülen und die Entwicklung der ersten primitiven Organismen müssen als stufenweise Vorgänge aufgefaßt werden, die sich über lange Zeiträume erstreckten.

Diese Fragen sind noch nicht befriedigend gelöst. Die Polymerisation der Grundeinheiten zu Makromolekülen müßte gegen ein thermodynamisches Gefälle vor sich gehen. Aus Aminosäuren müßten sich Polypeptide und Eiweiße, aus Nucleotiden Nucleinsäuren bilden.

Die Bildung der Proteine könnte durch eine *Anhydropolymerisation* der Aminosäuren vor sich gegangen sein. Solche *Proteinoide* könnten schon primitive enzymatische Eigenschaften besessen haben. Im Laboratorium wurde beobachtet, daß Aminosäure-Polymerisate, die durch thermische Anhydropolymerisation entstanden waren, Glucose in Glucuronsäure umwandeln und diese auch decarboxylieren können (Fox).

Die einmal gebildeten Moleküle höheren und niedrigeren Molekulargewichts bildeten im Urozean komplexe Aggregate (Koazervate bzw. mikrosphärische Kügelchen). Diese könnten schon einer Art Auslese unterworfen gewesen sein, indem diejenigen Aggregate, die sich am besten mit der Umwelt auseinanderzusetzen vermochten, wuchsen, eine höhere Komplexität und Stabilität erreichten und eine Art „Stoffwechsel“ oder „Stoffaustausch“ mit der Umgebung durchführten, während andere, die diese Fähigkeit nicht besaßen, zugrunde gingen. Auch Teilungsphänomene sind an solchen Aggregaten beobachtet worden. Oparin konzentrierte Enzyme und Substrate innerhalb der Koazervattröpfchen und studierte katalytische Prozesse in diesen Gebilden. Dabei konnten interessante Einblicke in Vorgänge gewonnen werden, die insbesondere die Konzentrierung von katalytischen Prozessen auf kleine Räume und die Wechselwirkungen zwischen dem Koazervatinneren und dem sie umgebenden Medium betrafen. Im Unterschied zu Oparin stellte Fox Proteinoid-Mikrosphären (Durchmesser 2 μ) her, die kein natürliches Protein wie die Koazervate enthielten, sondern aus Aminosäurepolymerisaten bestanden, die durch thermische Anhydropolymerisation, also unter quasigeochemischen Bedingungen der primitiven Erde, hergestellt wurden. Ihr wichtigster Unterschied zu den Koazervaten ist ihre wesentlich größere Stabilität. Nach Einbau von Zink in solche *Proteinoid-Mikrosphären* konnte in ihnen eine katalytische ATP-Spaltung als primitive Stoffwechselleistung nachgewiesen werden. Wann und auf welche Weise aus diesen komplexen Molekülaggregaten lebendige Zellen entstanden sind, kann noch nicht gesagt werden.

Infolge der anaeroben Bedingungen in der primitiven Atmosphäre waren die ersten Lebewesen vermutlich Anaerobier, die ihren Energiebedarf durch Gärungsvorgänge deckten. Diese Prozesse reicherten die Atmosphäre mit Kohlendioxyd an. Es gibt Hinweise darauf, daß als zweiter biochemischer Prozeß nach der Gärung der Hexosemonophosphatcyclus, der Wasserstoff für Reduktionsprozesse bereitstellt, sich zu entwickeln begann. Ihm folgte möglicherweise die Photophosphorylierung, die unter Ausnutzung des Sonnenlichtes ATP liefert. Die im Zusammenhang damit einsetzende Photosynthese führte erstmals zum Auftreten von freiem Sauerstoff in der Atmosphäre. Damit waren die Voraussetzungen für den aeroben Stoffwechsel gegeben, dessen Entwicklung von diesem Zeitpunkt an einsetzte.

Von diesem Stadium an setzte die Höherentwicklung und die steigende Differenzierung lebendiger Systeme ein. Man schätzt, daß heute der gesamte atmosphärische Sauerstoff alle 2000 Jahre die lebendigen Organismen entweder auf dem Weg über die Atmung oder die Photosynthese passiert. Das Kohlendioxyd vollführt diesen Kreislauf in umgekehrter Richtung alle 300 Jahre und das Wasser alle 2 Millionen Jahre.

Entwicklung des Energiestoffwechsels (*nach* WALD)

Anaerober Abschnitt

1. Gärung: Bildung von CO_2

$$C_6H_{12}O_6 \longrightarrow 2\,C_2H_5OH + 2\,CO_2 + 2 \sim P^*$$

2. Hexosemonophosphatcyclus: Bildung von Wasserstoff für Reduktionen

$$6\,C_6H_{12}O_6 + 6\,H_2O + 12 \sim P^* \longrightarrow 12\,H_2 + 5\,C_6H_{12}O_6 + 6\,CO_2$$

3. Photophosphorylierung: Bildung energiereicher Phosphatverbindungen mit Hilfe des Lichtes

$$\text{Kohlenhydrate} \xrightarrow[\text{Chlorophyll, Cytochrome}]{\text{Licht}} \sim P^*)$$

4. Photosynthese: Bildung von Sauerstoff

$$6\,CO_2 + 12\,H_2O \xrightarrow[\text{Chlorophyll}]{\text{Licht}} C_6H_{12}O_6 + 6\,H_2O + 6\,O_2$$

*) ~P bedeutet energiereiche Phosphatverbindungen (s. S. 10).

Aerober Abschnitt
5. Atmung: Verbrennung als Hauptquelle der Energie

$$C_6H_{12}O_6 + 6\,H_2O + 6\,O_2 \longrightarrow 6\,CO_2 + 12\,H_2O + 30-40-P^*$$

1.5. Zusammensetzung lebendiger Systeme

In den Organismen findet man 16—21 Elemente. Während 16 Elemente in allen Organismen vorkommen, sind die restlichen fünf einigen besonderen Formen vorbehalten. 29 organische Moleküle kommen entweder frei oder als Grundbausteine in homo- bzw. copolymerer Bindung in einer sehr großen Zahl verschiedener Moleküle vor. In all diesen Substanzen kommen 4 Elementarteilchen, Protonen, Elektronen, Neutronen und Photonen vor. Man kann sie in einer Art „Alphabet biologischer Systeme" ordnen (WALD) (Tab. 1).

Tabelle 1:
Alphabet biologischer Systeme

Elementarteilchen	Bioelemente	Molekulare Einheiten
Protonen	Wasser: H, O	Glucose, Ribose
Elektronen	Organische Moleküle: H, C, N, O, P, S	Fett, Phosphatide
Neutronen	Ionen: Na^+, K^+, Mg^{++}, Ca^{++}, Cl^-	20 Aminosäuren
Photonen	Spuren-Elemente: Mn, Fe, Co, Cu, Zn (B, Al, V, Mo, J)	5 Nucleotid-Basen
4	16 (21)	29

1.6. Gibt es ein extraterrestrisches Leben?

Auf diese Frage gibt es noch keine eindeutige Antwort. Falls überhaupt Leben auf einem anderen Himmelskörper existiert, welches mit dem auf der Erde vergleichbar ist (Kohlenstoff- und Proteinnatur, Strukturierung in ein- bzw. vielzellige Organismen), entsprechen die Bedingungen auf dem Mars trotz wesentlicher Unterschiede noch am ehesten denen auf der Erde. Der andere Nachbar der Erde unter den Planeten, die Venus, scheidet deshalb aus unseren Betrachtungen aus, da ihre Oberflächentemperatur etwa 400 °C beträgt und diese Temperatur mit dem Leben nicht vereinbar ist. Die höchsten Temperaturen auf der Erdoberfläche (von den Vulkanen abgesehen) werden in den heißen Geysiren des Yellowstone National Park (USA), in Japan, Neuseeland und Island gefunden. Bei den thermophilen Organismen dieser Quellen wurde als obere Temperaturgrenze für aktives Wachstum 73 °C gemessen. In dem Temperaturbereich bis etwa 90 °C kann man höchstens von einem Überleben dieser Organismen ohne Stoffwechsel sprechen. Thermophile Organismen sind durch eine höhere Thermostabilität ihrer Proteine im Vergleich zu mesophilen Formen ausgezeichnet. Als wesentliche weitere temperaturempfindliche Reaktionen in lebendigen Systemen kommen in Betracht: a) die Acceptorfunktion löslicher RNS für Aminosäuren (Maximaltemperatur 75 °C). b) das Auseinanderweichen („Schmelzen“) der DNS-Doppelspirale. Hierbei hängt die Maximaltemperatur von der Ionenkonzentration des Mediums und dem Guanosin-Cytosin-Gehalt der DNS ab. Es scheint, daß die Maximaltemperatur für aktiven Stoffwechsel und Wachstum durch die Temperaturabhängigkeit der Acceptorfunktion löslicher RNS für Aminosäuren bestimmt wird (Einzelheiten der Stoffwechselzusammenhänge s. Teil III).

Die mittlere Temperatur der Marsoberfläche beträgt −55 °C (Erde +15 °C, Marsäquator +25 °C). Die Marsatmosphäre ist dünn und sehr trocken, sie enthält CO_2, geringe Mengen Wasserdampf, jedoch keinen Sauerstoff. Infolge der niedrigen Dichte der Atmosphäre und der Abwesenheit eines magnetischen Feldes wird die Marsoberfläche in nicht abgeschwächter Weise von kosmischer und Sonnenstrahlung getroffen. Trotz dieser Situation ist es nicht ausgeschlossen, daß auf dem Mars lebendige Formen vorkommen können. Auch die Antarktis der Erde, die vom Standpunkt der Temperatur mit dem Mars am ehesten vergleichbar ist, enthält Mikroben, niedere Pflanzen und wirbellose Tiere.

Auf dem primitiven Mars scheinen die Bedingungen ähnlich denen auf der primitiven Erde gewesen zu sein. Auf diesem Planeten könnte also, unabhängig von der Erde, Leben entstanden sein. Obwohl jetzt die Bedingungen auf dem Mars ziemlich ungünstig sind, ist es nicht ausgeschlossen, daß Leben, wenn es überhaupt jemals auf dem Mars entstanden ist, noch nicht vollständig ausgelöscht ist.

Im Zeitalter der Raumfahrt ist es möglich, dieses Problem zu lösen. Von HOROWITZ u. a. ist eine entsprechende Apparatur entwickelt worden, die zusammen mit anderen Meßsonden auf den Mars und andere Planeten gebracht werden soll. Sie trägt den Namen „GULLIVER". Dieses Gerät enthält ein Universalmedium für Mikroorganismen und eine Auswahl radioaktiv markierter Substrate. Mit Hilfe eines ausfahrbaren Greifers sollen Proben der Marsoberfläche in das Innere der Kapsel gebracht werden. Falls diese lebende Mikroorganismen enthielten, finden diese dort Möglichkeiten für Stoffwechsel und Wachstum. Die radioaktiven Substrate sind so ausgewählt, daß bei ihrem Abbau durch Lebewesen gasförmige markierte Produkte entstehen. Deren Radioaktivität soll gemessen und das erhaltene Datenmaterial zur Erde gefunkt werden. Dieses Gerät kann auch zwischen photosynthetischer und nichtphotosynthetischer Aktivität unterscheiden. Die durch den Menschen vom Mond zurückgebrachten Gesteinsproben ergaben keine Hinweise auf lebendiges Material.

2. Proteine

Der Name „Protein" (BERZELIUS; protos — der Erste) drückt die große Bedeutung dieser Stoffklasse in der belebten Welt aus. Leben ist ohne Eiweiß nicht denkbar, denn die Eigenschaften der Proteine sind eng mit den spezifischen Eigenschaften der lebendigen Substanz verbunden.

Chemisch stellen die Eiweißkörper Makromoleküle dar, die aus einzelnen Bausteinen, den *Aminosäuren*, aufgebaut sind. Insgesamt sind am Aufbau der Eiweißmoleküle etwa 20 verschiedene Aminosäuren beteiligt. Dadurch wird eine große potentielle Mannigfaltigkeit der Eiweißkörper erreicht. Da trotz der unvorstellbar großen Zahl von verschiedenen Kombinationsmöglichkeiten der Aminosäuren in diesen Makromolekülen jedes individuelle Eiweiß eine konstante Zusammensetzung aufweist, sind andererseits auch die Voraussetzungen für hohe Spezifitäten in Zusammensetzung und Wirkungsweise dieser Substanzen gegeben.

2.1. Die Bausteine der Eiweiße

Die Bausteine der Eiweiße sind die Aminosäuren. Ihre allgemeine Formel lautet:

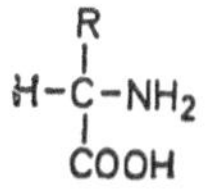

Daran interessieren uns besonders die funktionellen Gruppen, die Amino- und Carboxylfunktionen. Sie werden als α-Aminosäuren bezeichnet, wenn diese beiden Funktionen an ein- und dasselbe Kohlenstoffatom gebunden sind. Alle in den Proteinen vorkommenden Aminosäuren sind α-Aminosäuren. Ausnahmen sind Prolin und Hydroxyprolin. Diese sind α-Iminosäuren.

Die Aminosäuren werden in 7 Gruppen, je nach der Struktur von R (Formeln s. S. 29), eingeteilt.

1. Seitenkette aliphatisch: Glycin, Alanin, Valin, Leucin, Isoleucin;
2. Seitenkette OH-Gruppe-tragend: Serin, Threonin;
3. Seitenkette COOH- bzw. Säureamid-Gruppe-tragend: Glutaminsäure, Glutamin, Asparaginsäure, Asparagin;
4. Seitenkette NH_2-Gruppe-tragend: Lysin, Arginin;
5. Seitenkette aromatisch: Phenylalanin, Tyrosin, Tryptophan, Histidin;
6. Seitenkette schwefelhaltig: Cystein, Cystin, Methionin;
7. Iminosäuren: Prolin, Hydroxyprolin.

Die meisten Aminosäuren (Ausnahme Glycin) enthalten mindestens ein asymmetrisches Kohlenstoffatom. Dies ist das die NH_2- und COOH-Funktion tragende α–C-Atom. Alle in Proteinen vorkommenden Aminosäuren gehören der L-Konfiguration an. Vorzeichen und Größe der Drehung der Ebene des linear polarisierten Lichtes hängt von der Natur der Liganden ab. Da sich Ionisation und Dissoziation der Amino- und Carboxylfunktionen mit dem pH-Wert ändern, hat dieser auch einen Einfluß auf die optische Drehung.

Threonin, Isoleucin, Hydroxyprolin und Cystin haben zwei asymmetrische C-Atome.

D-Aminosäuren kommen in Bakterienzellwänden, einigen Antibiotika und anderen pflanzlichen Peptiden vor.

Im festen Zustand liegt die Aminosäure im Kristallgitter in folgender Struktur vor:

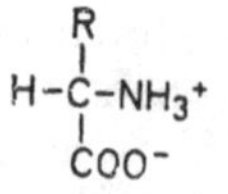

Die gleiche Struktur weisen die Aminosäuren auf, wenn man sie in reinem Wasser löst. Danach stellt die Aminosäure im physikalisch-chemischen Sinne ein *Zwitterion* oder einen elektrischen Dipol dar. Auf Grund der BRÖNSTEDschen *Theorie* der Säuren und Basen haben das

COO^--Anion die Funktion einer Base (es nimmt H^+-Ionen auf) und das NH_3^+-Kation die Funktion einer Säure (es gibt H^+-Ionen ab). Physikalisch-chemisch gehören die Aminosäuren zu den schwachen Elektrolyten. Aus dem Gesagten wird die *Titrationskurve* dieser Säuren ohne weiteres verständlich. Wie die Abbildung 1 zeigt, wird bei Zugabe von Säure (Erniedrigung des pH-Wertes) die Ionisation des COO^--Anions zurückgedrängt, indem dieses Ion ein H^+-Ion aufnimmt. Bei Zugabe von OH^--Ionen (Abnahme der H^+-Konzentration, Erhöhung des pH-Wertes) wird die Ionisation der NH_3^+-Gruppe zurückgedrängt und ihre Dissoziation begünstigt, so daß schließlich diese Gruppe in der NH_2-Form vorliegt. Aus dem Verlauf der Titrationskurve erkennt man, daß diese Aminosäure zwei verschiedene Pufferbereiche aufweist. Der eine Pufferbereich ist durch die Dissoziationseigenschaften der Carboxylgruppe, der andere durch die der NH_3^+-Gruppe gekennzeichnet. Bei den beiden *pK-Werten* dieser Funktionen liegt jeweils das Maximum der Pufferwirkung der Aminosäure. Dazwischen, d. h. in dem Bereich, in welchem die Aminosäure als Zwitterion (maximale Ionisation der beiden Gruppen) vorliegt, ist die Pufferwirkung der Aminosäure am geringsten. Man bezeichnet den pH-Wert, bei dem die Aminosäure als Zwitterion vorliegt, als den *isoelektrischen Punkt* (IP) der Aminosäure. Auf der sauren Seite des isoelektrischen Punktes liegt die Aminosäure als Kation, auf der alkalischen Seite als Anion vor (Abb. 1). Die Lage des IP ergibt sich bei Aminosäuren mit aliphatischer Seitenkette aus folgender Formel:

$$pH_{IP} = \frac{pK_{\cdot COOH} + pK_{\cdot NH_3^+}}{2}$$

Die isoelektrischen Punkte der Aminosäuren mit zwei Carboxyl- oder zwei Aminofunktionen liegen jeweils genau zwischen den pK-Werten der beiden COOH- bzw. NH_2-Gruppen.

2.2. Eigenschaften der Aminosäure am IP

1. Infolge der gleichen Anzahl positiver wie negativer Ladungen im Molekül zeigt die Aminosäure im elektrischen Gleichspannungsfeld keine Wanderung.

2. Die Löslichkeit der Aminosäuren hat am IP ihr Minimum.

2.3. Die einzelnen Aminosäuren (Übersicht siehe Tab. 2)

Die einfachste Aminosäure, die auch kein asymmetrisches C-Atom trägt, ist das *Glycin.* Als nächste folgen *Alanin, Valin, Leucin* und *Isoleucin* mit zunehmender Länge der nicht polaren Seitenkette. Im Inneren eines Eiweißmoleküles können diese Aminosäuren als „Keile" wirken, die verschiedene Gruppen voneinander fernhalten. *Serin* und *Threonin* sind als aliphatische Hydroxysäuren in der Lage, *Wasserstoffbindungen* mit anderen geeigneten Gruppen einzugehen. Dem Serin werden überdies wichtige Funktionen bei enzymatischen Reaktionen zugeschrieben (z. B. *Phosphoglucomutase,* manche *Hydrolasen*). Es kann als Phosphorsäureester in den Eiweißen vorkommen. *Glutaminsäure* und *Asparaginsäure* sind Dicarbonsäuren, die im physiologischen Bereich dissoziiert sind. Sie kommen häufig als Amide vor (*Glutamin* und *Asparagin*).

Diese können als Donatoren und Acceptoren von Wasserstoffbindungen fungieren und auf diese Weise spezifisch an der Aufrechterhaltung der inneren Struktur eines Proteins beteiligt sein. Die kationischen Gruppen des *Lysins* und des *Arginins* sowie die anionischen Gruppen der beiden genannten Dicarbonsäuren haben wesentlichen Anteil an der elektrischen Ladung eines Eiweißmoleküls. Das *Histidin* spielt eine bedeutende Rolle bei der Pufferung im physiologischen Bereich (s. S. 102), da sich hier der Ionisationszustand in Abhängigkeit vom

Tabelle 2:
Aminosäuren

Name	$\begin{matrix}HOOC \\ H_2N\end{matrix}\rangle CH-R$	Symbol
Glycin	$R = H$	Gly
Alanin	$R = -CH_3$	Ala
Valin	$R = -CH(CH_3)_2$	Val
Leucin	$R = -CH_2-CH(CH_3)_2$	Leu
Isoleucin	$R = -CH(CH_3)-CH_2-CH_3$	Ileu
Phenylalanin	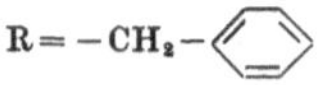	Phe
Tyrosin	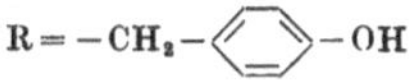	Tyr
Tryptophan	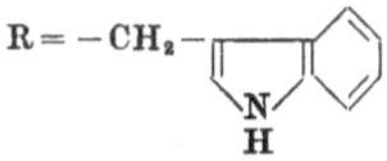	Try
Serin	$R = -CH_2-OH$	Ser
Threonin	$R = -CHOH-CH_3$	Thr
Cystein	$R = -CH_2-SH$	Cys · SH
Cystin	$R = -CH_2-S-S-CH_2-CH(NH_2)-COOH$	Cys · S–S · Cys
Methionin	$R = -CH_2-CH_2-S-CH_3$	Met
Asparaginsäure	$R = -CH_2-COOH$	Asp
Glutaminsäure	$R = -CH_2-CH_2-COOH$	Glu
Lysin	$R = -CH_2-CH_2-CH_2-CH_2-NH_2$	Lys
Arginin	$R = -CH_2-CH_2-CH_2-NH-C(=NH)-NH_2$	Arg
Histidin	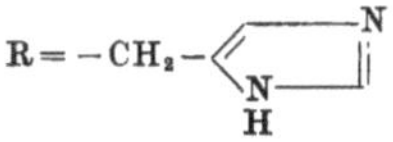	His
Prolin	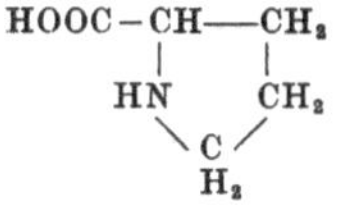	Pro
Hydroxyprolin	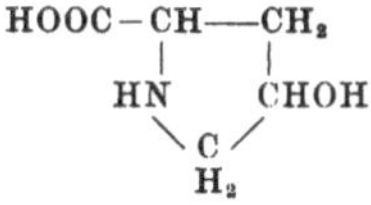	HyPro

pH-Wert ändert. Da das *Histidin* Koordinationskomplexe mit Eisen und anderen Metallen bilden kann, findet man diese Aminosäure häufig im katalytischen Zentrum von Enzymen oder es ist an anderen spezifischen Funktionen von Proteinen beteiligt (z. B. *Hämoglobin*).

Während *Tyrosin* und *Tryptophan* solche Gruppen tragen, die Wasserstoffbindungen aufbauen können, ist *Phenylalanin* nichtpolar. Im *Prolin* und *Hydroxyprolin* (letzteres kommt nur im Kollagen vor) ist das δ–C-Atom der Seitenkette mit dem α–N-Atom unter Ringbildung verbunden. Dadurch beteiligt sich dieses N-Atom nicht am Aufbau von Wasserstoffbindungen (Prolin stört den regelmäßigen Aufbau der Polypeptid-Helix; S. 63).

Cystein trägt eine sehr reaktionsfähige -SH-Gruppe. Diese nimmt nicht wesentlich an der Bildung von Wasserstoffbindungen teil, kann jedoch *-S–S-Brücken* bilden. Wenn dadurch 2 Cysteinreste in ein- und derselben Polypeptidkette miteinander verbunden werden, entsteht eine stabilisierende „Spange"; wenn eine -S–S-Gruppe zwei verschiedene Polypeptidketten miteinander verbindet, spricht man von einer „Brücke". Es gibt hochspezifische Funktionen des Cysteins bei enzymatischen Reaktionen.

2.4. Chemische Reaktionen der Aminosäuren

2.4.1. Reaktionen an der Aminogruppe

Da die Aminosäuren primäre Amine sind, reagieren sie mit salpetriger Säure nach folgender Gleichung:

$$HOOC{-}CH_2{-}NH_2 + HNO_2 \longrightarrow HOOC{-}CH_2OH + H_2O + N_2$$

Diese Reaktion kann als Bestimmungsmethode der Aminosäuren benutzt werden, indem der in Freiheit gesetzte Stickstoff volumetrisch bestimmt wird.

2.4.1.1. Formoltitration

Bei Zugabe von Formaldehyd reagiert die Aminogruppe nach folgender Gleichung:

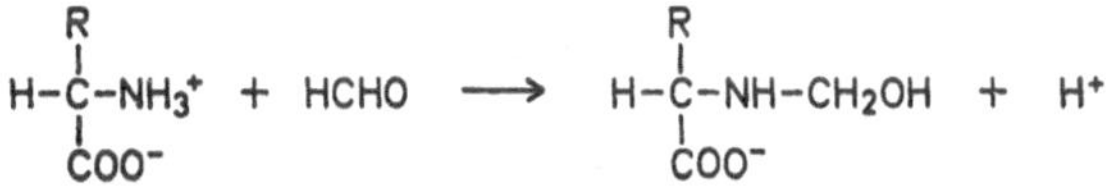

Die entstehende Hydroxymethylverbindung (früher als SCHIFFsche Base formuliert) hat Bedeutung bei der Bestimmung der Aminosäuren. Im Gegensatz zu einer einfachen schwachen Säure, beispielsweise Essigsäure, titriert man bei einer Aminosäure nicht die Carboxylgruppe, sondern die Aminogruppe (s. S. 27). Nach Abbildung 1 ist diese Gruppe erst bei etwa pH 12 zu

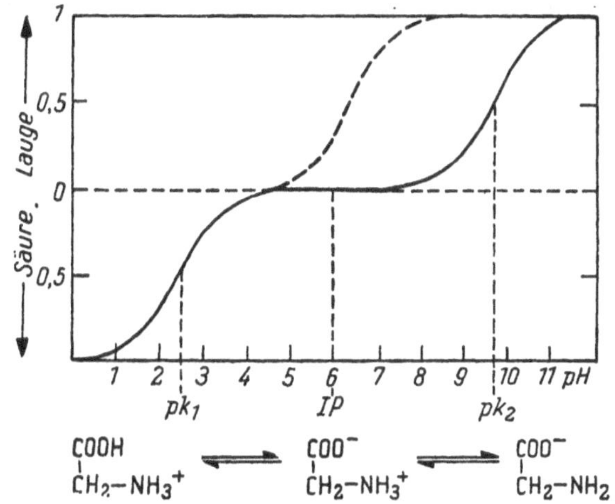

Abb. 1: Titrationskurve des Glycins. Gestrichelte Kurve: Formoltitration

Ende titriert, im Gegensatz zu einer schwachen Säure, deren Äquivalenzpunkt schon bei pH 7 bis 8 erreicht ist. Mit einfachen Indikatoren ist der Endpunkt der Titration der Aminogruppe also nicht bestimmbar. Bei Zugabe von Formaldehyd kommt es zu einer Freisetzung von H^+-Ionen infolge der Bildung der Hydroxymethylverbindung der NH_2-Gruppe. Die Dissoziationskurve wird dadurch um einige pH-Einheiten nach dem sauren Bereich hin verschoben, so daß der Äquivalenzpunkt der Titration durch Verwendung eines üblichen Indikators, wie Phenolphthalein, erkannt werden kann.

2.4.1.2. Ninhydrinreaktion

Bei Zugabe von Ninhydrin (Triketohydrindenhydrat) kommt es zu einer Desaminierung und Decarboxylierung der Aminosäure. Dabei entsteht aus der Aminosäure ein Aldehyd, der um ein Kohlenstoffatom ärmer gegenüber der Aminosäure geworden ist. In einer nachfolgenden

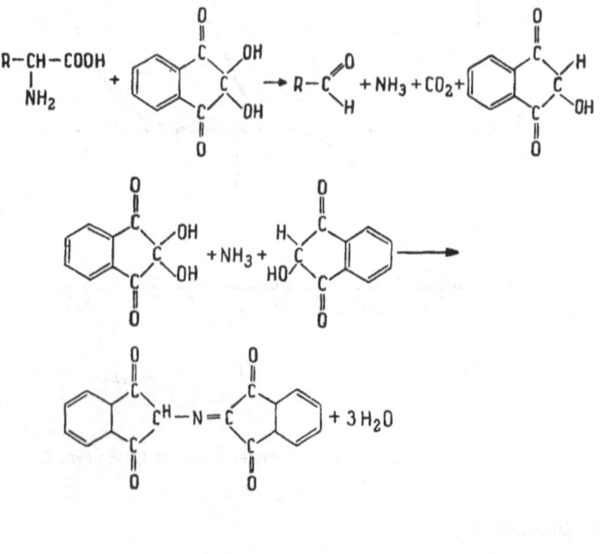

Reaktion kommt es zur Zusammenlagerung von reduziertem Ninhydrin mit einem 2. Ninhydrinmolekül unter Bindung des Ammoniaks, wobei ein rot- bis blauvioletter Farbstoff entsteht. Auch diese Reaktion kann zur Bestimmung von Aminosäuren verwendet werden.

2.4.1.3. Reaktion mit 1-Fluoro-2,4-dinitrobenzol (FDNP)

Die Arylierung der Aminosäuren ist für die Aufklärung der Aminosäuresequenz von Proteinen von sehr großer Bedeutung:

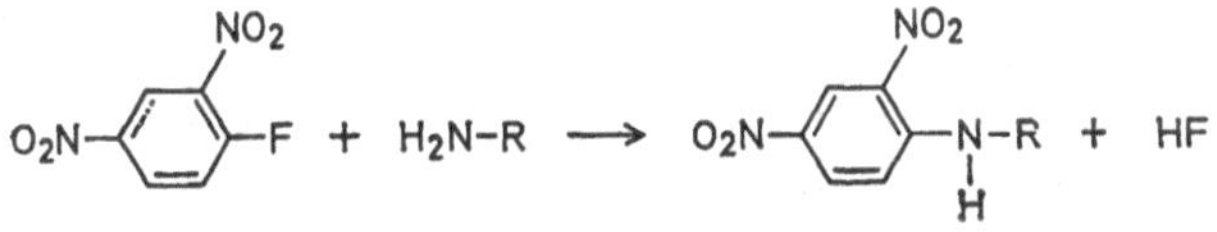

Dies stellt eine quantitativ ablaufende Reaktion dar. Die dinitrophenylierten Aminosäuren sind gelb gefärbt, leicht kristallisierbar und können chromatographisch leicht in reiner Form gewonnen und spektralphotometrisch bestimmt werden. Die entstehende Verbindung ist außerdem stabil gegen Säurehydrolyse (s. S. 47).

2.4.1.4. Reaktion mit Phenylisothiocyanat

Diese Substanz reagiert mit der NH_2-Gruppe von Aminosäuren unter Bildung von Phenylthiohydantoinsäure

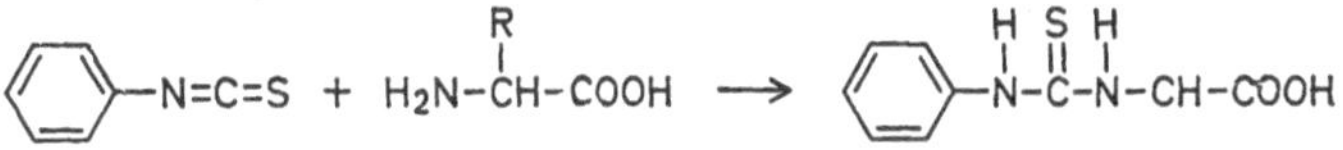

Phenylthiohydantoinsäure

Die zweite Reaktion (s. nächste Seite) läuft bei Anwesenheit von Säure in bestimmten, nichtwäßrigen und OHgruppen-freien Lösungsmitteln ab. Auch diese Methode hat sich bei der Strukturaufklärung von Proteinen sehr bewährt.

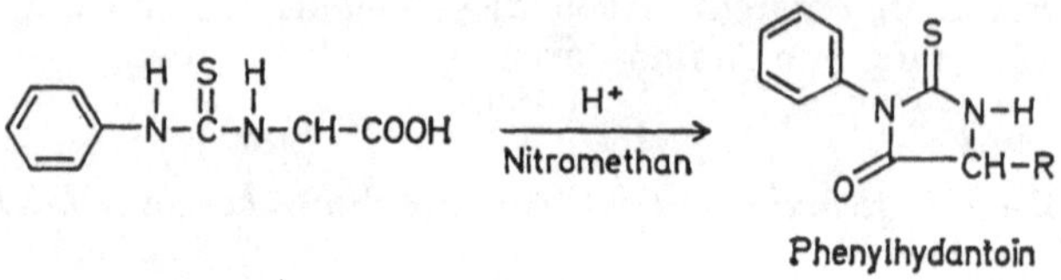

2.4.2. Peptidsynthese

Die Peptidsynthese stellt eine sehr wichtige Reaktion dar, da es mit ihrer Hilfe möglich ist, mehrere Aminosäuren zusammenzulagern. Sehr gebräuchlich zur Darstellung von Peptiden ist die *Carbobenzoxymethode:*

So erfolgt die Synthese von L-Alanyl-L-tyrosin aus den beiden Aminosäuren auf folgende Weise:

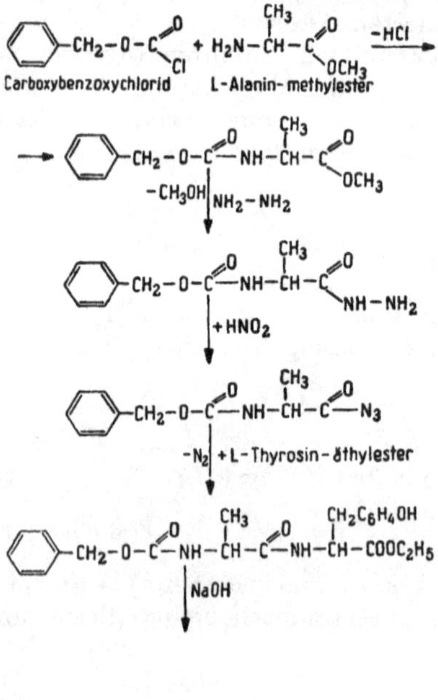

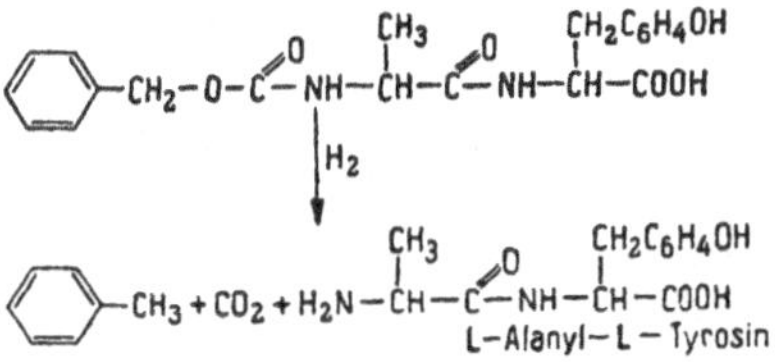

Weitere Methoden für Peptidsynthesen verlaufen unter Verwendung von Carbodiimiden (z. B. Dicyclohexylcarbodiimid) oder 3-Isoxazoliumsalzen als dehydrierende Reagenzien:

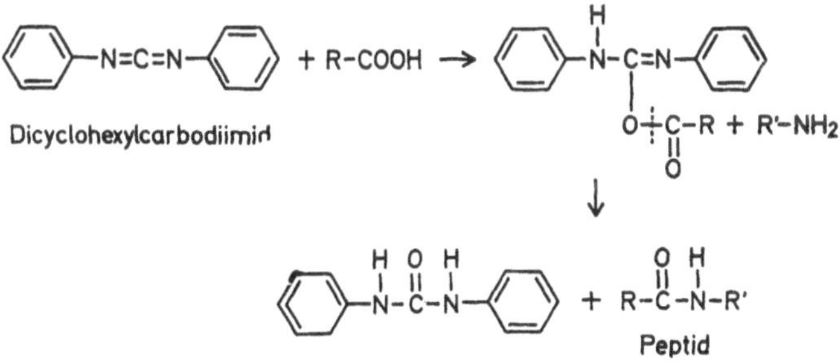

3-Isoxazoliumsalze reagieren mit Carboxylsäuren und liefern aktivierte Enolesterzwischenprodukte (Woodward):

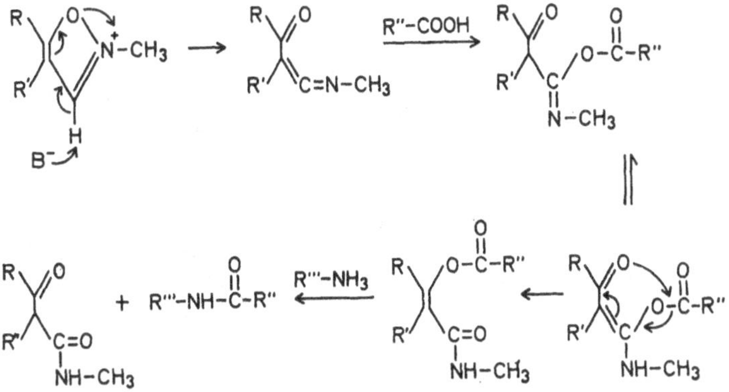

Als sehr erfolgreich haben sich die MERRIFIELD-Verfahren erwiesen. Diese stellen Peptidsynthesen an einer festen Phase dar. Die Carboxylgruppe des C-terminalen Endes wird kovalent an ein hochpolymeres Kunstharz gebunden. Diese Aminosäure reagiert mit einer zweiten, aktivierten Aminosäure. Das Reaktionsprodukt wird einfach durch Filtration vom Reaktionsmedium abgetrennt und so gereinigt. Auf diese Art kann die Kettenverlängerung praktisch beliebig lange fortgesetzt werden. Das aus neun Aminosäuren bestehende *Bradykinin* konnte auf diese Weise innerhalb einer Woche dargestellt werden. Auch das *Insulin* ist durch die eben skizzierten Verfahren einer de-novo-Synthese aus Aminosäuren zugeführt worden.

2.5. Peptide

Die Peptidbindung weist folgende chemische Konstitution auf:

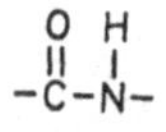

Je nach der Zahl der ein Peptid aufbauenden Aminosäuren unterscheidet man Di-, Tri-, Tetrapeptide usw. Hinsichtlich der Größe der Peptide trennt man Oligopeptide (bis zu 10 Aminosäuren) von Polypeptiden. Die Peptidbindung ist die Hauptform der Bindung zwischen den einzelnen Aminosäuren in einem Proteinmolekül (Rückgrat der Polypeptidkette). Charakteristisch für die Peptidbindung in den natürlich vorkommenden Polypeptiden ist, daß diese von den α-ständigen COOH- und NH_2-Gruppen der Aminosäuren gebildet werden. Bedeutsam für die Untersuchung der Peptide und Eiweiße ist die Hydrolyse der Peptidbindung. Hierfür gibt es folgende Möglichkeiten:

1. Saure Hydrolyse

Sie ist sehr gebräuchlich und hat breite Anwendung bei der Untersuchung der Aminosäurezusammensetzung der Peptide gefunden. Im allgemeinen erfolgt die Hydrolyse durch mehrstündiges Kochen mit konzentrierter Salzsäure oder 25%iger Schwefelsäure. Erwähnt sei jedoch, daß unter diesen Bedingungen einzelne Aminosäuren zerstört werden, wie z. B. *Tryptophan* und *Threonin*. Bei der sauren Hydrolyse tritt keine Racemisierung der Aminosäuren ein.

2. Alkalische Hydrolyse

Die alkalische Hydrolyse wird unter längerem Kochen in konzentrierter Natron- oder Barytlauge durchgeführt. Neben einer Zerstörung einzelner Aminosäuren (*Cystein*, *Arginin*) treten bei alkalischer Hydrolyse Racemisierungen auf. Aus diesen Gründen verliert die alkalische Peptidhydrolyse gegenüber der sauren immer mehr an Bedeutung.

3. Enzymatische Hydrolyse

Diese ist die schonendste Methode überhaupt. Mittels Enzyme unterschiedlicher Angriffspunkte ist es möglich, die Polypeptidkette von den beiden Enden (*Exopeptidasen*) oder von ihrem Inneren her (*Endopeptidasen*) hydrolytisch zu spalten. Zu den Exopeptidasen gehören die *Carboxypeptidase*, welche diejenige endständige Aminosäure hydrolytisch abspaltet, die eine freie Carboxylgruppe trägt (C-terminales Ende), und die *Aminopeptidase*, die die am anderen Ende der Peptidkette stehende Aminosäure mit der freien Aminogruppe abspaltet (N-terminales Ende). Zu den Endopeptidasen gehören die *Proteinasen*.

Durch Kombination der sauren und enzymatischen Hydrolyse der Peptide ist es möglich, ihre Aminosäurezusammensetzung und die Sequenz, d. h. die Reihenfolge der Aminosäuren in der Peptidkette, zu ermitteln (Näheres s. S. 44ff).

2.5.1. *Nomenklatur der Peptide*

Es hat sich eingebürgert, die einzelnen Aminosäuren, die ein Peptid aufbauen, mit Kurzbezeichnungen zu charakterisieren. Danach bezeichnet man Glycin mit Gly, Valin mit Val, Arginin mit Arg, Säureamide mit $-NH_2$ (z. B. Glutamin mit Glu–NH_2), Disulfidbrücken mit –S–S. Das Aminogruppenende eines Peptids (N-terminales Ende) wird mit -H, das Carboxylgruppenende (C-terminales Ende) mit –OH gekennzeichnet. Da die Proteine ausschließlich L-Aminosäuren tragen, wird dies nicht ausdrücklich zur Kennzeichnung benutzt. Bei D-aminosäuretragenden Oligopeptiden (z. B. Phalloidin und gewisse Antibiotika) wird vor die Kurzbezeichnung der jeweiligen Aminosäure ein D gesetzt.

Der die Aminosäurezusammensetzung eines Peptides berücksichtigende Name wird aus den einzelnen Aminosäuren gebildet. Diejenigen Aminosäuren, deren Carboxylgruppe an der Peptidbindung beteiligt ist, erhalten die Endung -yl, z. B. Valyl-serin (H-Val-Ser-OH); Glycyl-leucyl-alanin (H-Gly-Leu-Ala-OH). Mitunter wird auch eine Peptidbindung durch einen Pfeil angegeben. Die Pfeilrichtung geht von der CO- zur NH-Gruppe.

2.5.2. *Biologisch wichtige Peptide*

2.5.2.1. *Glutathion* (γ-Glutamyl-cysteinyl-glycin)

Dieses Peptid ist durch seine relativ hohe Konzentration in den Zellen und durch spezifische Funktionen ausgezeichnet. Seine biologische Bedeutung liegt möglicherweise darin, daß es intrazellulär als *Redoxsystem* wirkt.

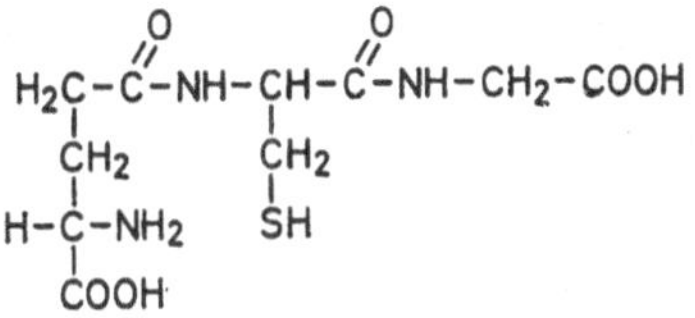

Glutathion

Der Quotient „reduziertes Glutathion/oxydiertes Glutathion" scheint für Regulations- und Kontrollvorgänge im intermediären Stoffwechsel bedeutsam zu sein. Glutathion ist auch Coenzym der *Glyoxalase*. Eine Besonderheit im Aufbau des Glutathions besteht darin, daß die γ-Carboxylgruppe der Glutaminsäure an der Peptidbindung beteiligt ist.

2.5.2.2. Carnosin und Anserin

Charakteristisch für die Struktur der beiden Peptide ist der Gehalt an *β-Alanin*. Über die biologische Funktion beider Peptide ist gegenwärtig noch nichts Sicheres bekannt. Das Carnosin findet man in der Muskulatur von Säugetieren, während das Anserin in der Muskulatur von Vögeln und Fischen anzutreffen ist.

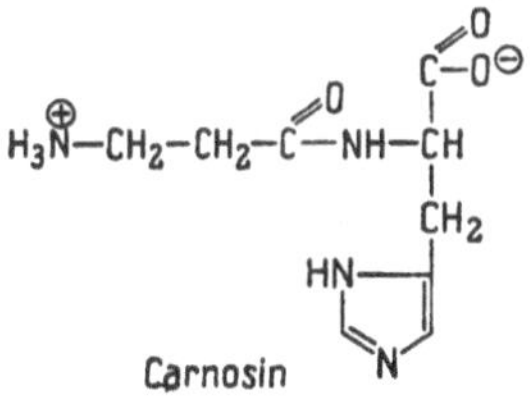

Carnosin

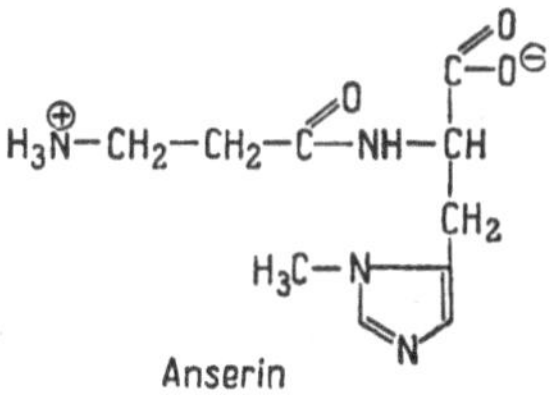

Anserin

2.5.2.3. Antibiotisch wirkende Peptide

Eine bedeutsame Gruppe von Peptiden findet man unter den antibiotisch wirksamen Stoffen. Von etwa 800 bisher bekannten Antibiotika tragen rund 100 Peptidcharakter. Das erste bekannt gewordene Antibiotikum, *Penicillin*, kann man auch als ein Peptid ansehen. Es enthält *Cystein* und *D-Valin.*

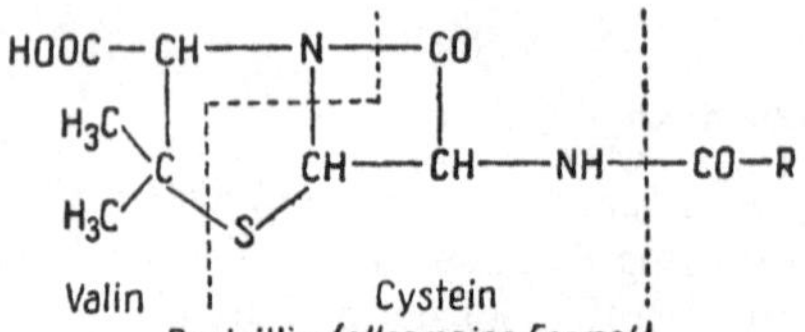

Penicillin *(allgemeine Formel)*

Ein weiteres bedeutsames Antibiotikum mit Peptidcharakter ist das *Gramicidin S*, welches aus einem *Bacillus brevis*-Stamm isoliert wurde.

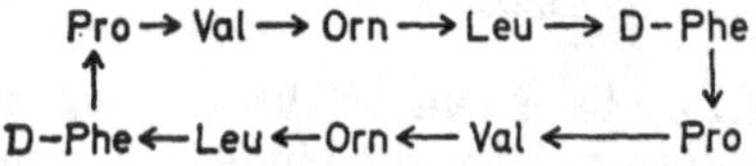

Gramicidin S

Das Gramicidin S ist ein Decapeptid (10 Aminosäuren). Als Besonderheiten sind die cyclische Natur dieses Peptides und die Anwesenheit von zwei Molekülen *D-Phenylalanin* im Molekül hervorzuheben.

Aus der Kapsel des Milzbrandbacillus wurde ein D-Glutaminsäure-Polypeptid mit Antigen-Eigenschaften isoliert. Die Peptidbindung besteht nicht, wie bei Polypeptiden üblich, zwischen der Aminogruppe und der α-Carboxylgruppe, sondern die einzelnen *Glutaminsäuren* sind jeweils über die γ-COOH-Gruppen verbunden.

2.5.2.4. Peptidhormone der Hypophyse und andere Peptide

Oxytocin und *Vasopressin* werden von der Neurohypophyse freigesetzt. Die biologische Funktion des Oxytocins besteht darin, die Kontraktion des Uterus anzuregen und auf diese Weise das Ende der Gravidität einzuleiten. Es bewirkt außerdem die Auspressung der Milch aus der lactierenden Milchdrüse. Das Vasopressin bewirkt eine Erhöhung des Blutdruckes und eine Hemmung der Wasserausscheidung durch die Nieren (es fördert die Rückresorption des Wassers im Tubulusapparat der Niere).

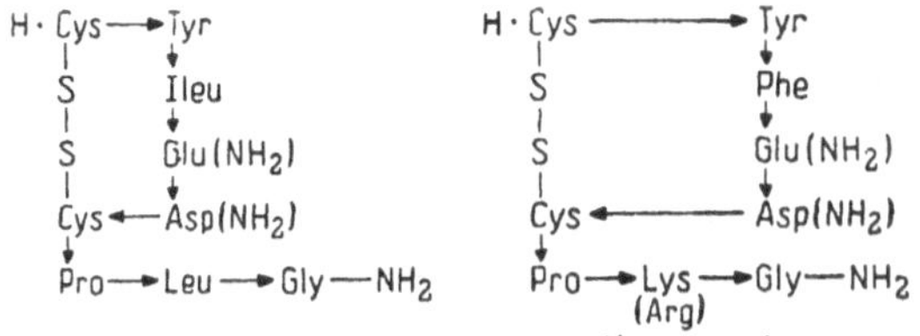

Oxytocin Vasopressin

Beide Hormone sind aus 9 Aminosäuren (2 Cys SH = Cys–S–S–Cys, Octapeptid) aufgebaut. Hervorzuheben ist ihr cyclischer Aufbau. In der Struktur des Vasopressins sind *Speziesunterschiede* nachgewiesen worden, die für die Wirkungsweise jedoch ohne Belang sind. So enthält das Rindervasopressin an einer Stelle des Moleküls *Arginin*, während das Vasopressin des Schweines an derselben Stelle *Lysin* trägt.

Für die Vasopressinwirkung ist es von Bedeutung, daß an dieser Stelle eine basische Aminosäure sitzt. Das Oxytocin enthält in dieser Position Leucin.

Peptidhormone des Hypophysenvorderlappens (Adenohypophyse) sind das *Wachstumshormon* und das *adrenocorticotrope Hormon* (ACTH). Letzteres ist aus 39 Aminosäuren aufgebaut. (Wirkung der beiden genannten Hormone im Stoffwechsel s. Teil II).

Der Mittellappen der Hypophyse produziert das *Melanophorenhormon*, welches vor allem bei solchen Tieren wichtig ist, die ihre Färbung der Umgebung anpassen können. Die Aminosäuresequenz in diesem Hormon ist bekannt, sie weist teilweise eine Ähnlichkeit mit dem ACTH auf, obwohl dieses Hormon eine völlig andere biologische Wirkung hat. Es besteht bei Affe, Rind, Pferd und Schwein aus 18, beim Menschen aus 22 Aminosäuren.

Außer derartigen Peptidhormonen gibt es hochaktive Peptide, die in Form inaktiver Vorstufen im Blutplasma vorliegen und erst nach partieller enzymatischer Hydrolyse ihre Wirkung entfalten. Es sind dies das *Bradykinin*, das *Kallidin* und das *Angiotensin.*

Das Bradykinin, welches aus neun Aminosäuren besteht, wird durch proteolytischen Angriff (Kallikrein, Trypsin oder Schlangengiftproteinasen) aus Blutplasmaproteinen freigesetzt.

H-Arg-Pro-Pro-Gly-Phe-Ser-Pro-Phe-Arg-OH

Bradykinin

Kallidin ist ein Dekapeptid mit ähnlichen Eigenschaften. Es hat außer einem zusätzlichen Lysinrest am NH_2-Terminus die gleiche Struktur wie das Bradykinin. Beide Peptide wirken gefäßerweiternd und bringen schon bei 10^{10}facher Verdünnung glatte Muskulatur zur Kontraktion.

Das *Angiotensin* wird aus einem im Blutplasma vorkommenden Globulin, dem Angiotensinogen oder Hypertensinogen, durch ein aus der Niere stammendes proteolytisches Enzym, das Renin, unter Mitwirkung von Trypsin gebildet. Das Angiotensin ist ein Octapeptid und besitzt eine intensive und lang anhaltende blutdrucksteigernde Wirkung. Es spielt eine bedeutende Rolle bei der Entstehung der Hypertonie, z. B. als Folge einer beeinträchtigten Sauerstoffversorgung der Niere und der dadurch verursachten verstärkten Freisetzung von Renin. Durch eine im Blut vorkommende Peptidase, die Angiotensinase, wird das Angiotensin inaktiviert.

Bildung und Abbau des Angiotensins vollziehen sich wie folgt:

```
  1   2    3   4    5    6   7   8    9   10  11  12  13  14
H-Asp-Arg-Val-Tyr-Ileu-His-Pro-Phe-His-Leu-Leu-Val-Tyr-Ser-Globulin
                         |                   ↑               ↑
Angiotensinogen          |                 Renin          Trypsin
                         ↓
  1   2    3   4    5    6   7   8    9   10
H-Asp-Arg-Val-Tyr-Ileu-His-Pro-Phe-His-Leu-OH
                         |
Angiotensin I (inaktiv)  |        Spaltung der Peptidbindung zwischen Aminosäureresten 8 und 9
                         |        durch ein „Umwandlungsenzym"
                         ↓
H-Asp-Arg-Val-Tyr-Ileu-His-Pro-Phe-OH + H-His-Leu-OH
                         |
Angiotensin II (aktiv)   |        Angiotensinase
                         |        (Angriffsort nicht bekannt)
                         ↓
              Inaktive Spaltprodukte
```

2.6. *Struktur der Proteine*

Als erster beschäftigte sich Emil Fischer mit der Aminosäurezusammensetzung der Polypeptide. Die von ihm ausgearbeiteten Methoden waren die *Hydrolyse* der Proteine, die nachfolgende Veresterung der Aminosäuren mittels alkoholischer Salzsäure und die sich daran anschließende fraktionierte Destillation der Aminosäureester. Trotz der damit erzielten Erfolge weist diese Methode jedoch Mängel auf. Man erhält lediglich 4 bis 5 Fraktionen, auch werden die basischen Aminosäuren auf Grund der Nicht-Flüchtigkeit ihrer Äthylester nicht mit erfaßt.

Heute werden die verschiedensten chromatographischen Methoden zur Trennung der Aminosäuren benutzt. Vor allem finden hierbei *Papierchromatographie* und *Ionenaustauschchromatographie* große Anwendung. Mit Hilfe dieser Methoden war es mittels *saurer* und *enzymatischer* Hydrolyse möglich, die Aminosäuren einer Vielzahl von Eiweißkörpern zu trennen und sie quantitativ zu bestimmen. Mit der Kenntnis der Aminosäurezusammensetzung eines Proteins wurde eine wichtige Voraussetzung der viel schwierigeren und zeitraubenderen Arbeit der vollständigen *Sequenzanalyse* eines Polypeptides oder Proteins geschaffen. Heute stehen verschiedene Methoden zur Sequenzanalyse eines Eiweißes zur Verfügung.

2.6.1. *Methoden der Sequenzanalyse*

2.6.1.1. *Endgruppenbestimmung*

Diese wird bei Peptiden oder Proteinen vor oder nach erfolgter partieller Spaltung in Oligopeptide durchgeführt. Die Aminosäure am N-terminalen Ende mit freier NH_2-Gruppe kann spezifisch mittels *Aminopeptidase* abgespalten (am C-terminalen Ende mit *Carboxypeptidase*)

Tabelle 3:
Aminosäurezusammensetzung von Eiweißen (Mole Aminosäuren/100000 g Protein)
(nach TRISTRAM und SMITH)

	Rinderinsulin	Cytochrom C (Pferdeherz)	Serumalbumin (Mensch)	Rinderglucagon	Histon	Collagen
Glycin	70,5	90,1	21,3	27,7	67,6	330.4
Alanin	44,8	43,0	–	30,1	108,8	128,0
Serin	53,0	0	35,2	110,5	46,9	42,2
Threonin	17,3	72,7	42,0	83,4	46,0	24,1
Prolin	16,7	24,0	44,3	0	40,2	122,7
Hydroxyprolin	0	0	0	0	0	73,9
Valin	71,0	17,3	65,8	27,5	49,5	17,3
Isoleucin	10,0	42,1	13,0	0	35,0	18,8
Leucin	101,0	43,0	90,8	56,6	62,4	19,1
Phenylalanin	49,8	26,4	47,3	57,1	16,9	14,8
Tyrosin	66,0	31,4	25,7	58,6	20,4	9,5
Tryptophan	0	8,3	0,9	28,0	0	0
Cystin/2	52,0	–	46,5	0	0	1,8
Cystein	0	18,2	5,8	0	0	0
Methionin	0	–	8,6	25,3	7,6	13,8
Asparaginsäure	53,0	58,7	78,2	115,8	38,5	46,1
Glutaminsäure	115,8	89,3	11,8	84,4	66,0	82,1
Arginin	16,3	14,9	35,3	54,7	66,7	51,8
Histidin	34,5	21,5	22,6	24,5	16,0	4,5
Lysin	14,5	147,1	84,2	27,8	118,8	24,6
Gesamt	786,2	748,0	780,0	812,1	807,3	1042,7

und nachgewiesen werden. Aus der Kinetik der Freisetzung der Aminosäuren aus einem Peptid mit Hilfe der Aminopeptidase können Informationen über die Aminosäuresequenz in der Nähe des Aminogruppenendes erhalten werden. Mit Hilfe der Leucinaminopeptidase ist es möglich, endständiges Leucin hochspezifisch zu identifizieren. Eine klassisch gewordene chemische Methode besteht darin, daß die Aminosäure mit freier NH_2-Gruppe mit *1-Fluor-2,4-dinitrobenzol* reagiert (SANGER).

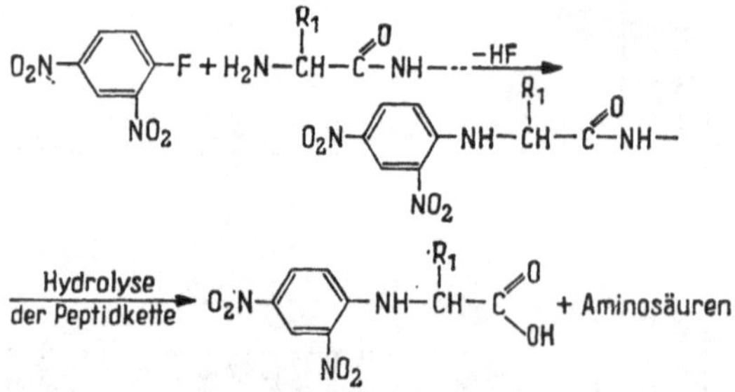

Auf diese Weise entsteht das Dinitrophenyl-Derivat der Aminosäure am NH_2-Ende des Peptides. Nach erfolgter saurer oder enzymatischer Hydrolyse der Peptidbindungen läßt sich die substituierte Aminosäure leicht von den anderen Aminosäuren unterscheiden (gelbe Farbe) und chromatographisch isolieren. Auch die ε-Aminogruppe des Lysins reagiert mit diesem Reagenz (s. auch S. 33).

Neben diesem Verfahren gibt es den schrittweisen Abbau der Peptidkette vom NH_2-Ende her nach EDMAN: Hierbei werden das Protein oder das Peptid mit *Phenylisothiocyanat* umgesetzt und ein Phenylthiocarbamylpeptid gebildet. Dieses wird durch wasserfreie HCl in Nitromethan gespalten und in das *Phenylthiohydantoin* der N-terminalen Aminosäure übergeführt (s. S. 33). Es ist in organischen Lösungsmitteln löslich, während der Rest des Peptids unlöslich ist. Mit diesem kann der

Prozeß wiederholt werden. Edman hat für diese Reaktionsfolge eine automatisch arbeitende Apparatur konstruiert (Proteinsequenator) mit dessen Hilfe es innerhalb relativ kurzer Zeit möglich ist, die Aminosäuresequenz eines Polypeptids vom NH_2-Ende her aufzuklären.

Neben der Carboxypeptidasemethode, die zur Erkennung des COOH-Endes dient, wird als chemische Methode die Reduktion dieser Gruppe zum Carbinol ($-CH_2OH$) mit Lithiumborhydrid ($LiBH_4$) angewendet. Das reduzierte Eiweiß wird danach hydrolysiert und der Aminoalkohol mittels Chromatographie identifiziert.

Die Methode nach Akabori nutzt die Fähigkeit des Hydrazins aus, solche Aminosäuren, die an Peptidbindungen beteiligt sind, in Acylhydrazine umzuwandeln. Die C-terminale Aminosäure bleibt dabei frei und kann chromatographisch identifiziert werden.

2.6.1.2. Hydrolyse

Mittels partieller *Säure-* und *enzymatischer Hydrolyse* wird das Polypeptid in eine Reihe von kleineren Bruchstücken zerlegt, die mit chromatographischen Methoden voneinander getrennt werden. So erhält man beispielsweise bei Einwirkung von Trypsin (Abb. 2) auf eine Polypeptidkette eine Anzahl von definierten Peptiden, die als endständige *Aminosäuren* diejenigen tragen, deren *Peptidbindung* durch das Trypsin gespalten werden. Spaltet man die gleiche Polypeptidkette mit einer anderen *Endopeptidase*, z. B. Chymotrypsin, werden andere Peptide erhalten, deren endständige Aminosäuren durch die Angriffspunkte des Chymotrypsins an der Polypeptidkette gekennzeichnet sind. Die endständigen Aminosäuren der aufgetrennten Peptide können nach den oben beschriebenen Methoden bestimmt werden. Die Rekombination der durch unterschiedliche Spaltungsmethoden gewonnenen Peptide, deren Endgruppen und Aminosäurezusammensetzung bekannt sind, ermöglicht es, die Reihenfolge der Aminosäuren in der Polypeptidkette festzulegen. Das

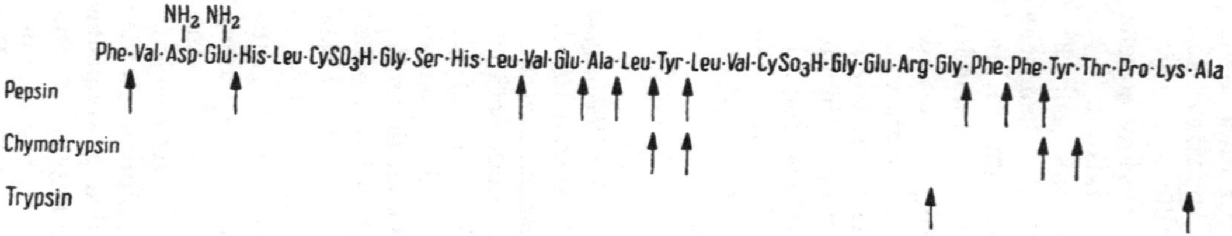

Abb. 2: Angriffspunkt proteolytischer Enzyme innerhalb einer Polypeptidkette (B-Kette des Insulins)

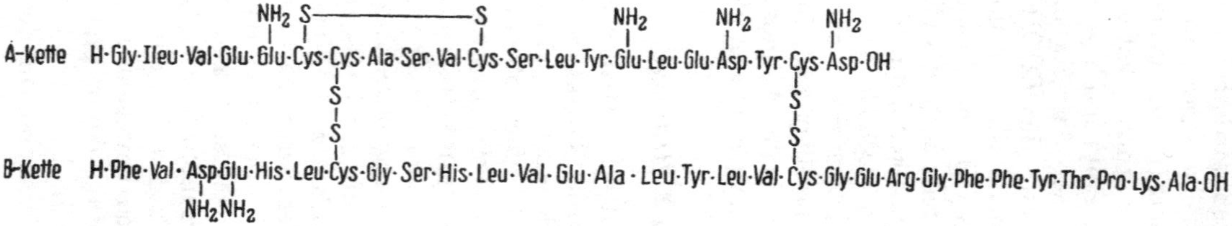

Abb. 3: Primärstruktur des Insulins

erste Polypeptid, dessen Aminosäuresequenz auf diese Weise aufgeklärt wurde, war das Insulin (SANGER). Ihm folgten Ribonuclease, Lysozym, Cytochrom c, Hämoglobin, Chymotrypsin (246 Aminosäuren!), Trypsinogen, Myoglobin und das Hüllprotein des Tabak-Mosaik-Virus.

2.6.2. Strukturebenen der Polypeptide und Proteine

Als zweckmäßig hat sich erwiesen, gewisse Prinzipien für die Unterteilung der Proteinstruktur einzuführen. Man unterscheidet gewöhnlich *Primär-*, *Sekundär-*, *Tertiär-* *und Quartär-Struktur*. Durch diese verschiedenen Strukturebenen wird die Komplexheit eines Eiweißmoleküls zum Ausdruck gebracht. Die Untersuchung jedes einzelnen dieser Niveaus ist an bestimmte Methoden gebunden. Es sei jedoch vermerkt, daß diese Einteilung einer gewissen Konvention nicht entbehrt. Tatsächlich gibt es zwischen ihnen zahlreiche Übergänge und innige Beziehungen.

2.6.2.1. Primärstruktur

Die *Primärstruktur* der Proteine wird durch die Sequenz der sie aufbauenden Aminosäuren festgelegt. Hier sei die Primärstruktur einiger Polypeptide und Proteine besprochen. (Siehe nebenstehend Abb. 3)

Das Hormon der β-Zellen des Pankreas, das *Insulin*, stellt ein Molekül-Aggregat dar, welches aus Einzelmolekülen aufgebaut ist. Das Molgewicht der kleinsten Einheit des Insulins, deren Bestandteile durch Hauptvalenzbindungen zusammengehalten werden, beträgt etwa 6000. Durch Zusammenlagerung mehrerer derartiger Einheiten, die zum Teil über Zn^{++}-Ionen verbunden sind, entstehen Molekülaggregate mit Molgewichten von 36000 oder 48000. Die 6000-Einheit des Insulins besteht aus

51 Aminosäureresten. Diese sind auf zwei Ketten verteilt, die durch zwei *Disulfidbrücken* zwischen je zwei *Cysteinresten* zusammengehalten werden. Die A-Kette enthält 21 Aminosäuren, die B-Kette 30 Aminosäuren. Wie das Strukturbild zeigt, sind in der A-Kette zwei weitere Cysteinreste durch eine Disulfidbindung miteinander verbunden („Disulfidspange").

In der Primärstruktur der Insulinmoleküle verschiedener Herkunft wurden Unterschiede in den Positionen 8, 9 und 10 der A-Kette gefunden:

Rinderinsulin	... Ala-Ser-Val ...
Schweineinsulin	... Thr-Ser-Ileu ...
Schafinsulin	... Ala-Gly-Val ...

Die Struktur des Insulins konnte in neuester Zeit durch seine de-novo-Synthese aus den Aminosäuren bewiesen werden.

Die *Ribonuclease* besteht aus einer Polypeptidkette mit 124 Aminosäureresten und 4 Disulfidbrücken. Sie hat ein Molgewicht von 13700.

Das *Cytochrom c* enthält 104 Aminosäurereste und hat ein Molgewicht von etwa 13000. Pro Molekül ist ein Porphyrinmolekül mit einem zentralen Eisenion (2wertig oder 3wertig) gebunden. Das Porphyrinskelett wird über Seitenketten (Vinylgruppen) mittels Hauptvalenzen an Cysteinreste der Polypeptidkette gebunden. Außerdem besteht eine Nebenvalenzbindung, ähnlich wie beim Hämoglobin, zwischen dem Eisenion- und den Histidinresten der Polypeptidkette. Hervorgehoben sei, daß am N-terminalen Ende keine freie Aminogruppe steht (Glykokoll), sondern daß diese in acetylierter Form vorliegt.

Myoglobin, das sauerstoffbindende Eiweiß des Muskels, ist aus 153 Aminosäuren aufgebaut. Es besteht nur aus einer einzelnen Polypeptidkette, die eine Hämgruppe trägt.

Das biologisch hochwichtige *Hämoglobin* (Molgewicht 64500) besteht aus 4 Polypeptidketten, von denen je zwei gleich sind (α-, β-Ketten usw.). Das Hämoglobin

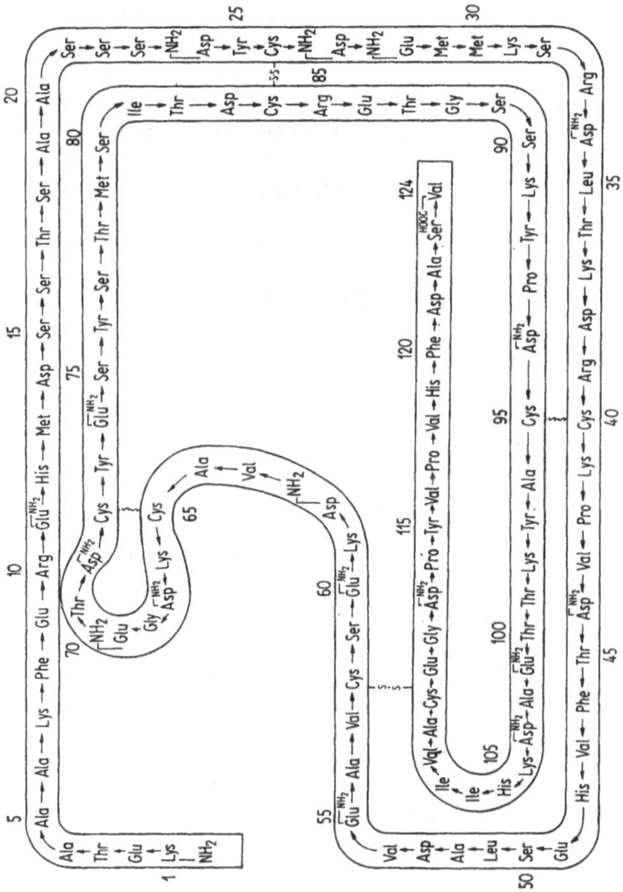

Abb. 4: Primärstruktur der Ribonuklease

des erwachsenen Menschen (Hb A) besitzt die allgemeine Formel $\alpha_2\beta_2$. Außer dem *Hämoglobin A* gibt es ein *fötales Hämoglobin* (Hb F) mit der Formel $\alpha_2\gamma_2$, das postnatal durch Hb A ersetzt wird. Im erwachsenen Menschen kommt zu etwa 2% noch Hb A_2 vor (Formel $\alpha_2\delta_2$) und in der frühen Embryonalzeit findet man ein

Hämoglobin mit ε-Ketten. Die α-Kette enthält 141 Aminosäurereste und die β-, γ- und δ-Ketten je 146 (die ε-Struktur ist noch unbekannt). Trotz charakteristischer Unterschiede in der Aminosäurefolge dieser Ketten gibt es kürzere oder längere Abschnitte mit übereinstimmenden Sequenzen.

Neben den normal vorkommenden Hämoglobintypen gibt es anomale, wie die Typen HbS, HbD, HbC, HbE. Diese unterscheiden sich in der Aminosäuresequenz der β-Kette. Das HbS oder *Sichelzellenhämoglobin*, z. B. unterscheidet sich vom HbA dadurch, daß es im reduzierten Zustand schwerer löslich als HbA ist (Auskristallisation des HbS und Sichelzellbildung). Die jeweiligen isoelektrischen Punkte unterscheiden sich um 0,3 pH-Einheiten (IP des HbA 6,8; IP des HbS 7,1). Die Sequenzanalyse ergab, daß nur in der β-Kette dieser beiden Hämoglobintypen ein *einziger* Glutaminsäurerest des HbA gegen einen Valin-Rest im HbS ausgetauscht ist.

HbA $H_2N \cdot$ Val-His-Leu-Thr-Pro-*Glu*-Glu-Lys ...
HbS $H_2N \cdot$ Val-His-Leu-Thr-Pro-*Val*-Glu-Lys ...
HbC $H_2N \cdot$ Val-His-Leu-Thr-Pro-*Lys*-Glu-Lys .....

Veränderungen in der β-Kette äußern sich im Austausch einer Aminosäure gegen eine andere. Bei der α-Kette wurden mangelhafte Synthesen beobachtet. Hämoglobin H besteht nur aus β-Ketten, hat also die Formel β_4. Das Hämoglobin Bart's (beobachtet im Bartholomews Hospital London) hat die Formel γ_4. Diese beiden Hämoglobine sind bei einem und demselben Menschen in verschiedenen Lebensaltern gefunden worden. Da im Verlauf seines ganzen Lebens ein α-Kettenmangel bestand, besaß er als Säugling das Hämoglobin Bart's und als Erwachsener Hämoglobin H. Tetramere Hämoglobine ohne α-Ketten bilden leicht Methämoglobin. β_4 und γ_4 zeigen merkwürdigerweise keinen Bohr-Effekt und keine Kooperativität in der Sauerstoffbindungskurve (s. S. 81ff).

Die Aminosäuresequenzen sind genetisch fixiert. Die Strukturanomalien sind entweder homozygot oder heterozygot vererbbar (Molekularpathologie, s. Teil III).

2.6.2.1.1. Struktur der Immunoglobuline

Die Immunoglobuline des Blutplasmas findet man in der γ-Globulinfraktion. Sie fungieren im Organismus als Antikörper, die die Fähigkeit haben, sich mit den homologen Antigenen (s. Teil II) zu verbinden und diese dadurch zu neutralisieren. Spezifische Antikörper werden vom Organismus dann gebildet, wenn ein entsprechendes Antigen in diesen gelangt. Bildungsort der Antikörper sind die Plasmazellen. Die Antigene sind in der Lage, die Plasmazellen zur Synthese entsprechender Antikörper anzuregen. Beim Menschen gibt es verschiedene Antikörpertypen, nämlich die Immunoglobuline IgG, IgA und IgM. Außerdem gehört ein niedrigmolekulares Protein γ_u in diese Klasse, welches normalerweise zu 100 mg oder weniger pro Tag im Harn ausgeschieden wird. Bei einer Geschwulst der Plasmazellen, dem Plasmozytom (multiples Myelom) kommt es zu einer Erhöhung der obengenannten Immunoglobuline. Besonders typisch

Tabelle 4:
Zusammensetzung und Eigenschaften der Immunoglobuline

Fraktion	pathologisches Gegenstück	Svedberg-Einheiten	Mol-Gewicht	Zusammen-setzung
IgG	7 s Myelom-Globulin	6,6	150000	$\gamma_2\lambda_2$; $\gamma_2\varkappa_2$
IgA	β_{2A}, Myelom-globulin	7, 10, 14	150000 oder ein Mehrfaches	$\alpha_2\lambda_2$; $\alpha_2\varkappa_2$
IgM	Waldenström-Makroglobulin	19	1 Million	$(\mu_2\lambda_3)_5(\mu_2\varkappa_3)_5$
γ_u	Bence-Jones-Protein	2	22000	$\lambda_1\lambda_2$; $\varkappa_1\varkappa_2$

ist dann im Blutplasma die IgG- und IgM-Fraktion (Makroglobulinämie). Im Harn wird dabei in beträchtlichen Mengen ein niedrigmolekulares Eiweiß mit eigenartigen Löslichkeitseigenschaften ausgeschieden (Bence-Jones-Protein).

Die Tabelle 4 zeigt, daß die Immunoglobuline der ersten drei Typen aus je zwei verschiedenen Kettenarten bestehen. In allen findet man die niedrigmolekularen λ- bzw. $\varkappa$-Ketten, die in reiner Form bei den Bence-Jones-Proteinen angetroffen werden (MG 20000). Der zweite Kettentyp der Immunoglobuline hat ein Molekulargewicht von etwa 50000. Die Antikörper bestehen also je aus zwei „leichten" (light, L-) und zwei schweren (heavy-, H-) Ketten. Für das IgM-Molekül wurde ein Molgewicht für die H-Kette von 66000 festgestellt. Das Teilchen mit einem Gewicht von einer Million ist sehr wahrscheinlich aus fünf 200000 Einheiten aufgebaut. Letztere enthalten in Abweichung zu den IgG- und IgA-Globulinen 2H- und 3L-Ketten. Die Zusammenfügung der beiden Kettentypen zu einem Immunglobulinmolekül ist für das IgG in der Abbildung 5 dargestellt.

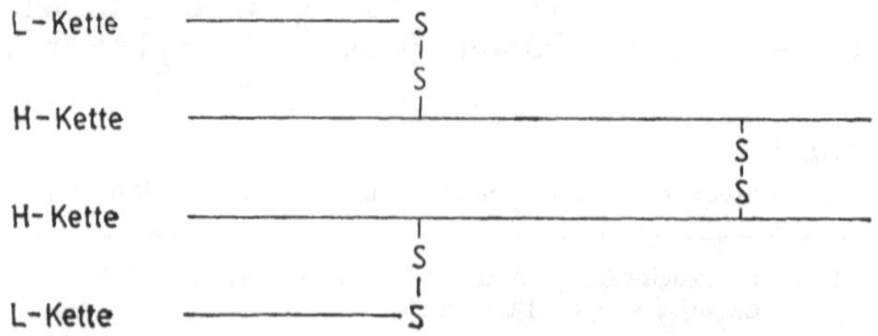

Abb. 5: Polypeptidstruktur des Immunoglobulins (nach PORTER)

Nicht nur die L-Ketten der IgG-Globuline bestehen aus zwei Typen, auch die schweren γ-Ketten haben beim gesunden Menschen Subklassen, die als γ_1, γ_2, γ_3 und γ_4 bezeichnet werden. Das IgG-Protein von Myelom-

Kranken ist demgegenüber jeweils homogen und gehört einer Subklasse an. Dies wird als ein Zeichen dafür gewertet, daß die Myelomproteine Produkte einzelner Zellklone sind. Diese haben dann jeweils auch eine spezifische Aminosäuresequenz.

Alles spricht dafür, daß die Bence-Jones-Proteine und die L-Ketten der Immunoglobuline identisch sind. Da Bence-Jones-Proteine bei 50% aller Plasmozytom-Kranken in großen Mengen ausgeschieden werden, hat man diese als Ausgangsmaterial zur Aufklärung der Primärstruktur der L-Ketten benutzt. Besonders eingehend wurde bisher ihr $\varkappa$-Typ untersucht. Es ergab sich, daß dabei konstante und variable Anteile in der Primärstruktur unterschieden werden müssen.

Die Kettenlängen sind bei den einzelnen Kappa-Untertypen verschieden (z. B. 214, 221 Aminosäuren). Ein Vergleich dieser Polypeptidketten *verschiedener* Herkunft zeigt, daß die eine Hälfte des Moleküls, die den N-terminalen Aminosäurerest trägt, eine relativ große Variabilität aufweist, während die andere Hälfte mit dem C-terminalen Aminosäurerest stabil ist und lediglich an der Position 191 einen Aminosäureaustausch zeigen kann. Bisher wurden niemals zwei identische Proteine des Bence-Jones-Typs gefunden. In der Abbildung 6 sind die Ergebnisse der Analyse der Primärstruktur von 20 verschiedenen $\varkappa$-Ketten dargestellt. Die weißen Quadrate geben die konstanten Aminosäurepositionen wieder, die schraffierten Quadrate die variablen Reste. Die Zahl in ihnen gibt die Austauschhäufigkeit in 20 untereinander verglichenen $\varkappa$-Ketten an. Es liegen auch Sequenzanalysen der H-Ketten der Immunoglobuline vor. Im Hinblick auf die Evolution der Immunoglobuline ist der Gedanke sehr interessant, daß die H-Ketten durch Gen-Duplikation eines primitiven L-Ketten-Gens entstanden sein könnten.

Das Immunoglobulin vermag zwei Antigenmoleküle zu binden. Für die Bindungsstellen sind beide Kettentypen verantwortlich. Es wird angenommen, daß je

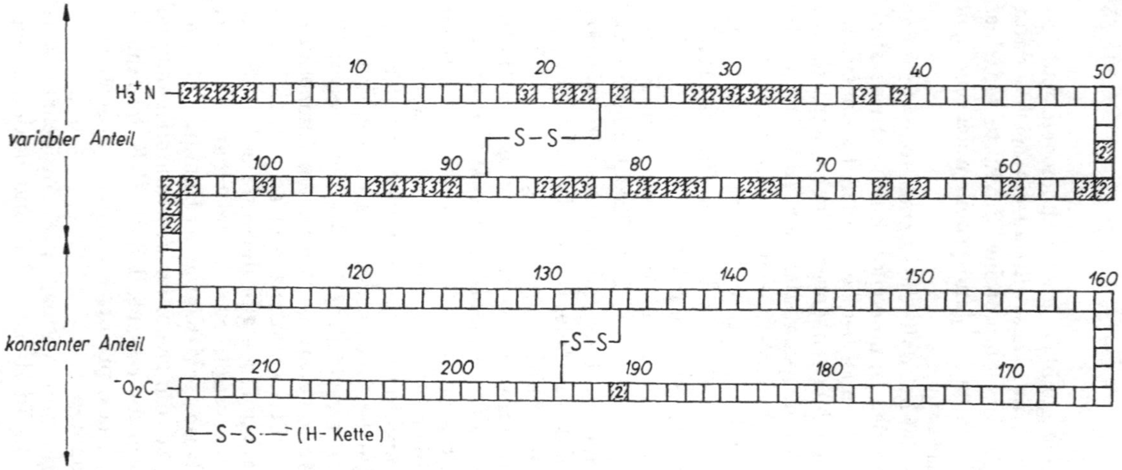

Abb. 6: Polypeptidkette von menschlichem BENCE-JONES-Protein (ϰ-Typ). Es ist der veränderliche und konstante Anteil des Proteins wieder gegeben. Weiße Quadrate: Positionen, die keine Veränderungen aufweisen; gestrichelte Quadrate: Positionen mit veränderlichen Resten; die Zahl in einem solchen Quadrat gibt die gefundene Anzahl der verschiedenen Aminosäurereste in diesen Positionen wieder (nach PORTER)

eine H- und eine L-Kette gemeinsam eine Bindungsstelle aufbauen. Ein Antigenmolekül ist hingegen multivalent, es vermag sehr viele Antikörpermoleküle zu binden.

2.6.2.1.2. Gesetzmäßigkeiten der Proteinstruktur und Probleme der Evolution

Bei der Vertiefung der Kenntnisse über die Primärstruktur verschiedener Proteine und der Entdeckung von Spezies-Unterschieden in der Aminosäuresequenz funktionell gleicher Proteinmoleküle, wuchs das Interesse daran, Regelmäßigkeiten im Aufbau der Eiweiße und Zusammenhänge zwischen Phylogenese und Proteinstruktur aufzufinden und verstehen zu lernen.

Von grundlegender Bedeutung sind dabei folgende Gesichtspunkte:

1. Alle bisherigen Arbeiten über die Primärstruktur ergaben, daß bei den einzelnen Aminosäuren keine Selektivität in der Wahl von Peptidbindungen existiert. Es gibt weder auffallende Bevorzugungen noch deutliche Unterdrückungen beim Auftreten von Peptidbindungen zwischen zwei bestimmten Aminosäuren innerhalb von Peptidketten.

Es sind bisher keine Aminosäuren gefunden worden, die überhaupt nicht oder ausschließlich miteinander verbunden auftreten.

2. Es gibt aber deutliche Regelmäßigkeiten in der Verteilung von Aminosäuren entlang der Polypeptidkette bzw. in ihren einzelnen Abschnitten. Auch gibt es Regelmäßigkeiten in den Frequenzen des Auftretens gleicher oder ähnlicher Aminosäuren. Bei der Ribonuclease beispielsweise gibt es auffallende Regelmäßigkeiten in der Aminosäuregruppierung um die acht Cysteinreste.

Asp (NH_2)	-Tyr-*Cys*-Asp (NH_2)	-Glu (NH_2)
Asp	-Arg-*Cys*-Lys	-Pro
Ala	-Val-*Cys*-Ser	-Glu (NH_2)
Val	-Ala-*Cys*-Lys	-Asp (NH_2)
Asp (NH_2)	-Glu(NH_2)-*Cys*-Tyr	-Glu (NH_2)
Thr	-Asp-*Cys*-Arg	-Glu
Asp (NH_2)	-Ala-*Cys*-Tyr	-Lys
Val	-Ala-Cys-Glu	-Gly

In den beiden Positionen rechts vom Cystein gehören von 16 Aminosäureresten sieben zu sauren Aminosäuren und ihrer Säureamide (nach statistischen Überlegungen sollten es nur 3,5 sein). Außerdem sehen wir vier basische Aminosäurereste (theoretisch nur 1,8), 2 Tyrosingruppen (theoretisch 0,8) und von den übrigen Aminosäuren nur 3 Reste (theoretisch 10). Ähnliches gilt auch für die Gruppierungen links vom Cystein.

Wie im Abschnitt 2.6.2.1. erwähnt, ist das Insulin bei den einzelnen Tierarten sehr ähnlich gebaut. Speciesunterschiede sind vor allem in den Aminosäurepositionen 8—10 zu beobachten. Diese entstehen demnach durch Aminosäureaustausch, ohne daß dabei die spezifische Funktion dieses Hormons beeinflußt wird. In der Natur gelten offenbar allgemeingültige *Regelmäßigkeiten* in der *biologischen Austauschbarkeit* von Aminosäuren.

Man unterscheidet *Standardaustauschmöglichkeiten* von einem *Austausch 2. Ordnung*. Glycin findet man häufig ausgetauscht gegen Serin und Alanin, Alanin häufig gegen Glycin und Threonin usw. (Standardaustausch).

Austauschbarkeit von Aminosäuren

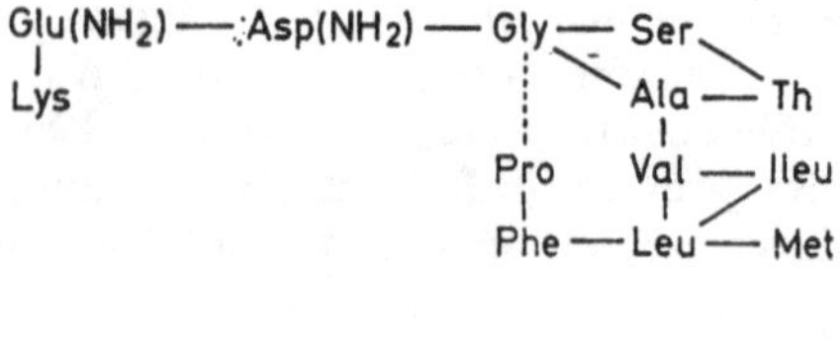

Ein Austausch über zwei Verbindungslinien liegt z. B. beim Alanin gegen Serin und bei der Glutaminsäure gegen Glycin vor (Austausch 2. Ordnung).

Derartige Regelmäßigkeiten im Aminosäureaustausch können bei einer Vielzahl von Eiweißen (Hämoglobine, Chymotrypsinogene, Hormone der Hypophyse usw.) nachgewiesen werden.

2.6.2.1.3. Evolution der Proteine

Für die Entstehung eines hypothetischen „Urproteins“ gibt es zwei Möglichkeiten. Dieses könnte eine oder zwei, also nur wenige verschiedene Aminosäuren enthalten, d. h. eine monotone Struktur gehabt haben (s. S. 19). Die heute in der belebten Welt vorkommenden Proteine könnten sich dann aus diesen Urformen durch Differenzierung infolge Aufnahme und Austausch weiterer Aminosäuren herausgebildet haben. Als zweite Möglichkeit ist denkbar, daß die Urformen der heutigen Eiweiße einfache Peptide mit verschiedenem Aufbau waren, die sich im Verlauf der Entwicklung sekundär miteinander verbunden haben könnten. Ein Ineinandergreifen beider Vorgänge ist vorstellbar. Die zweite Möglichkeit drängt sich bei Betrachtung eines Hämopeptides auf, das man aus der Alge *Chromatium* isolieren konnte (27 Aminosäurereste): Phe-Ala-Gly-Lys-Cys-Ser-Glu-Cys-His-Thr-Leu-Val-Ala-Asp-Glu-Gly-Ser-Ala-Lys-Cys-His-Thr-Phe-Asp-Glu-Gly-Ser. (ähnliche bzw. gleiche Sequenzen sind gleichartig unterstrichen). In dieser Stuktur sind Beispiele eines Standardaustausches enthalten.

Die im Verlauf der Evolution an einem homologen Protein eingetretenen Veränderungen sind einer quantitativen Erfassung zugänglich. Als *Variationsschritt* bezeichnet man eine Veränderung, die einen Aminosäurerest betrifft, als *Variationskoeffizient* das Verhältnis der Zahl der im Verlauf der Entwicklung veränderten Reste des Proteinmoleküls zur Zahl der nicht veränderten.

Ein Vergleich homologer Proteine bei verschiedenen Tierarten (Fische, Amphibien, Reptilien und Säugetiere) zeigt, daß Teile ihrer Primärstruktur im Verlauf der Evolution konstant geblieben sind und andere sich verändert haben. Die beibehaltenen Anteile der Struktur stehen vermutlich im Zusammenhang mit der biologischen Funktion des Proteins.

Eine der stabilsten Eigenschaften homologer Proteine ist ihre Kettenlänge (die Cytochrom c-Moleküle der Wirbeltiere enthalten alle 104 Aminosäurereste, die dem Oxytocin und Vasopressin homologen Hypophysenhinterlappenhormone der Fische, Amphibien, Vögel und Säugetiere bestehen alle aus neun Aminosäuren).

Das Ausmaß der Übereinstimmung in der Primärstruktur von zwei homologen Proteinen könnte als Kriterium für die Verwandtschaft der Arten dienen. Da mit bestimmten Aminosäuresequenzen die biologische Funktion des Proteins verknüpft ist, kann man nicht erwarten, daß alle Aminosäuren mit gleicher Häufigkeit ausgetauscht werden. Die Zahl der unveränderlichen Reste ist oft größer als die Zahl der veränderlichen.

Besonders intensiv sind das Cytochrom c, die Hämoglobine und die Hypophysenhinterlappenhormone bei verschiedenen Tierarten untersucht worden. Als Beispiel sei das Cytochrom c besprochen.

Bei zwölf Wirbeltierarten wurden von den 104 Aminosäureresten des Cytochrom c eine Gleichheit bei etwa

Tabelle 5:
Substitutionen im Cytochrom c bei verschiedenen Säugetieren

Arten	Ordnungen	Zahl der Substitutionen
Mensch–Affe	Primaten-Primaten	1
Rind–Schwein–Schaf	Paarhufer-Paarhufer	0
Rind–Pferd	Paarhufer-Unpaarhufer	3
Mensch–Rind	Primaten-Huftiere	10
Mensch–Pferd	Primaten-Huftiere	12
Mensch–Hund	Primaten-Raubtiere	10
Mensch–Kaninchen	Primaten-Nagetiere	11

50% des Moleküls gefunden. Diese verteilen sich auf verschiedene Abschnitte der Kette (Formelbild S. 91). Sie kommen in der Übereinstimmung der Besetzung gleicher Positionen durch gleiche Aminosäuren oder durch übereinstimmende Sequenzen entlang der Polypeptidkette zum Ausdruck.

Die Zahl der Substitutionen bei näher oder ferner verwandten Säugetieren geht aus der Tabelle 5 hervor.

Sie sind innerhalb der gleichen Tierordnung gering und steigen an, wenn man Arten verschiedener Ordnungen miteinander vergleicht.

Die Zahl der Substitutionen genügt allerdings nicht zur Kennzeichnung der Verwandtschaftsbeziehungen zwischen den verschiedenen Wirbeltierarten.

1 10 17 20
Gly···Gly···Phe···Cys · His · Thr · Val
└Häm┘

21 30 40
Glu–Gly·Gly–His·Lys–Gly·Pro·Asp(NH_2)·Leu–Gly--Gly·Arg--

41 50 60
Gly·Glu(NH_2)·Ala–Gly--Tyr--Ala·Arg(NH_2)--Lys---Try--

61 80
-----Glu·Tyr·Leu–Asp(NH_2)·Pro·Lys·Lys·Tyr·Ileu·Pro·Gly·Thr·Lys·Met

81 100
---Gly--Lys---Arg–Asp·Leu--Tyr·Leu–Lys

101 104

Das Cytochrom c des Thunfisches unterscheidet sich von dem der Säugetiere nur durch 17 bis 21 Substitutionen. Die Cytochrome des Menschen und des Pferdes unterscheiden sich durch 12 Substitutionen. Es ist anzunehmen, daß bei der Höherentwicklung der Fische mehrere Substitutionen an gleichen Positionen nach dem Prinzip des Standardaustausches und des Austausches zweiter Ordnung eingetreten sind. Aus diesem Grund stellt die beobachtete Zahl der Substitution nur ein Minimum der tatsächlich eingetretenen dar.

Sie ist für das Herausfinden verwandtschaftlicher Zusammenhänge zwischen verschiedenen Tierarten nur von geringer Bedeutung.

2.6.2.2. Sekundärstruktur

Als Sekundärstruktur bezeichnet man die Konfiguration der Polypeptidkette. Sie entsteht durch das Auftreten von Wasserstoffbindungen zwischen den NH- und CO-Gruppen der Peptidbindungen (–N ... H ... O = C<; s. Abb. 7). Nach PAULING bilden die Polypeptidketten eine Spirale; man spricht von einer „Helix". Die am meisten vorkommende und sehr stabile Helixform wird als α-Helix bezeichnet (Abb. 7 und 8). Sie ist vorwiegend eine Schraube mit Linksgewinde, die pro Windung 3,6 Aminosäuren enthält. Man denkt sich dabei die Polypeptidkette um einen „Zylinder" gewickelt, so daß sich von Windung zu Windung (Abstand 5,44 Å,; „Identitätsperiode") die CO- und NH-Gruppen in einem passenden Abstand gegenüberstehen. Die Peptidbindungen sind in einer Ebene angeordnet.

Die CH-Gruppen stehen an den Kanten dieser Ebenen. Radial davon befinden sich die Seitenketten der einzelnen Aminosäuren. Die Ebenen stoßen in einem Winkel von 80° aufeinander. Nach PAULING können in einer Polypeptidkette je nach der Art der sie aufbauenden Aminosäuren verschiedene Helixtypen nacheinander vorkommen. So enthalten die Proteine *Insulin*, *Hämoglobin* und *Ribonuclease* über gewisse Strecken ihres Moleküls α-Helixkonfigurationen, die zu anderen Helixtypen hinüberwechseln können. Die Helixanteile in einzelnen Proteinen sind:

Ribonuklease 17%, Pepsin 28%, Rinderserumalbumin 50%, α- und β-Ketten des Hämoglobins je 75%, Myo-

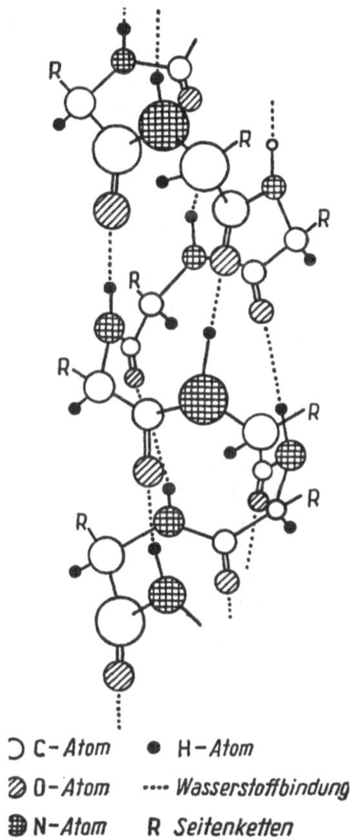

Abb. 7: α-Helix (nach PAULING)

globin 75%. Dieser Wert ist von der Aminosäurezusammensetzung abhängig. Es ist lange bekannt, daß Prolin die α-Helixstruktur stört und deshalb mit ihr unvereinbar ist. Andere „nichthelixbildende" Aminosäuren sind Valin, Isoleucin, Serin, Threonin und Cystein. Obwohl diese Klassifizierung auf den Eigenschaften entsprechender Polyaminosäuren beruht, ist es sehr wahrscheinlich, daß dies auch für gemischte Polymere, wie es die natürlichen Proteine sind, zutrifft.

Die α-Helix wird in den Proteinen durch Wasserstoffbindungen stabilisiert. Diese verbinden die elektronegativen O- und N-Atome der verschiedenen Peptidbindungen untereinander. Die Wasserstoffbindungen verlaufen parallel der Längsachse der Helix. Außerdem können, wie in der A-Kette des Insulins, *Disulfidbrücken* von einer Windung zur nächsten ausgebildet sein und dadurch eine zusätzliche Stabilisierung ermöglichen. Fibrilläre Proteine, wie beispielsweise α-Keratin, Myosin, Elastin weisen α-Helixstruktur häufig in sehr reiner Form auf.

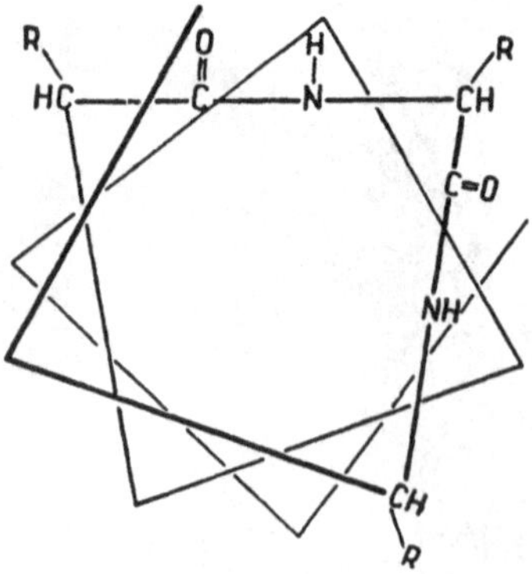

Abb. 8: Aufsicht auf eine α-Helix

Eingehendere Untersuchungen haben gezeigt, daß Wasserstoffbindungen nicht nur innerhalb einer Kette, sondern auch zwischen verschiedenen Polypeptidketten ausgebildet werden können. Zu dieser Gruppe gehören synthetische Polyamide (Nylon), die Zickzackketten bilden, wobei sich eine Art „Faltblattstruktur“ (Abb. 9) ergibt. Benachbarte Ketten werden durch Wasserstoffbindungen zusammengehalten. Die Ebenen der Peptidbindungen bilden miteinander einen Winkel, der bis zu

90° betragen kann. Diese Struktur findet man bei synthetischem Poly-L-Alanin sowie im Seidenfibroin (hoher Gehalt an Glycin und Alanin) sowie dem β-Keratin. In dieser Gruppe gibt es keine Helix-Struktur. Diese tritt nur in solchen Polypeptidketten auf, die durch Wasserstoffbindungen innerhalb ein und derselben Kette stabilisiert werden (α-Keratin u. a.). Während man unter den Proteinen mit Helix-Struktur sowohl fibrilläre als auch globuläre findet, ist die Faltblatt-Struktur auf die fibrillären Proteine beschränkt. Die Wasserstoffbindungen verlaufen dabei im Gegensatz zur Helix-Struktur senkrecht zur Längsachse der Polypeptidkette.

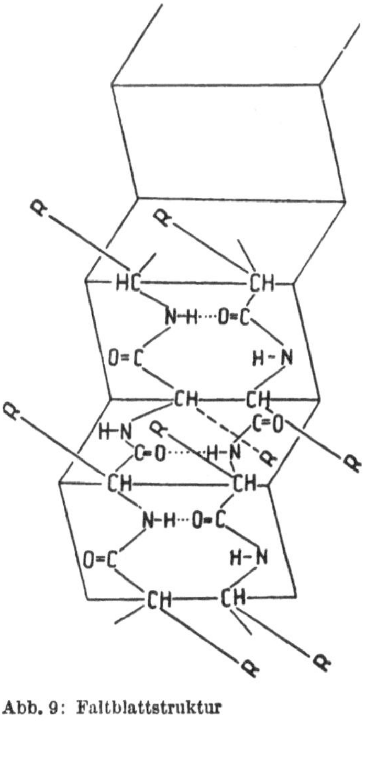

Abb. 9: Faltblattstruktur

2.6.2.2.1. *Methoden zur Untersuchung der Helix-Struktur*

Pauling, Corey und Branson entwickelten die Konzeption der α-Helix durch systematische Konstruktion von Modellen, nachdem mittels Röntgeninterferenzmessungen an niedrigmolekularen Peptiden deren Atomabstände und Valenzwinkel genau ermittelt wurden. Sie wurde in großartiger Weise durch die Röntgenstrahl-Beugungsbilder vieler synthetischer Polypeptide bestätigt. Wie Perutz fand, läßt sich die α-Helix in fibrillären Proteinen auch ohne eine detaillierte Röntgenstrahlanalyse nachweisen. Es ist nämlich dann eine starke Röntgenstrahlreflexion zu beobachten, wenn sich Aminosäurereste in axialen Abständen von 1,5 Å regelmäßig wiederholen. Andere Helixtypen geben diese Reflexionen nicht. Sie können auf Photoplatten leicht sichtbar gemacht werden. In gelösten Proteinen können Helixstrukturen von nichthelicalen oder statistisch geknäuelten Strukturen durch Infrarot- und Ultraviolett-Spektroskopie sowie durch Messung der optischen Rotationsdispersion und des Circulardichroismus unterschieden werden.

Die Grundlagen dieser Methoden seien im Folgenden kurz erörtert.

2.6.2.2.1.1. *Infrarot-Spektroskopie*

Polypeptide geben charakteristische *Infrarot-Absorptions-Spektren*. Dabei ist sowohl die Lage, als auch die Zahl der Banden, von der Sekundärstruktur der Polypeptidkette abhängig. Besonders charakteristisch sind dabei Absorptionsbanden bei den Wellenzahlen 3290, 1650 und 1535 cm^{-1}. Sie werden in dieser Reihenfolge von folgenden Atomgruppen gegeben: N–H, C=O (beides Spreiz- und Torsionsschwingungen) und die Deformationsschwingungen der N–H-Gruppe. Die beiden letzteren Banden werden als *Amid I- und Amid-II-*

Banden bezeichnet. Diese Gruppenfrequenzen ändern sich in charakteristischer Weise in Abhängigkeit von der Konfiguration der Polypeptidkette. Die Änderungen hängen davon ab, ob die Polypeptidkette als statistisches Knäuel, in Form der α-Helix oder in der Faltblattstruktur vorliegt. Diese Änderungen sind vorzugsweise auf unterschiedliche Anordnungen der Wasserstoffbindungen im Molekül zurückzuführen. Im geordneten Zustand hat als Folge der Wechselwirkungen zwischen den Peptidbindungen jede dieser Banden zwei Maxima (s. Tab. 6).

Tabelle 6:
Infrarotabsorption

Zustand	Amid-I-Frequenzen	Amid-II-Frequenzen
statistisches Knäuel	1656	1535
Helix	1650	1516
	1652	1546
Faltblatt	1645	1530
	1630	1550

Durch Messungen des *Infrarot-Dichroismus* kann man eingehendere Erkenntnisse über die Proteinstruktur gewinnen, als mit der Infrarot-Absorptions-Spektroskopie. Das Verfahren wird mit planpolarisiertem infrarotem Licht durchgeführt. Die Absorption dieses Lichtes durch einen geordneten Festkörper hängt von der Schwingungsrichtung des einfallenden Lichtes ab. Maximale Absorption wird erhalten, wenn die Schwingungsebene der betrachteten Gruppierung dem elektrischen Vektor des Lichtes parallel ist. Stehen diese senkrecht aufeinander, ist die Lichtabsorption minimal. Wie im vorhergehenden Kapitel dargestellt, verlaufen in einer Polypeptidkette mit α-Helix-Struktur die Wasserstoffbindungen ihrer Längsachse parallel. Wenn man diese Polypeptidketten zweidimensional so anordnet, daß ihre Längsachsen parallel verlaufen, beobachtet man maximale Absorption, wenn die Ebene des polarisierten Lichtes in dieser Richtung schwingt. Bei der Faltblattstruktur beobachtet man dem gegenüber maximale Absorption, wenn die Schwingungsebene des Lichtes senkrecht zur Längsachse der Polypeptidkette liegt, entsprechend der anderen Lage der Wasserstoffbindungen in dieser Configuration.

2.6.2.2.1.2. Ultraviolett-Differenz-Spektroskopie

Für Proteine ist im ultravioletten Spektralbereich die Region von 250—310 nm von besonderem Interesse. Hier absorbieren die Phenylalanyl-, Tyrosyl- und Tryptophanyl-Reste. Bei kürzeren Wellenlängen treten Absorptionen durch Histidylreste und Peptidbindungen auf. Änderungen in der Nachbarschaft solcher *chromophorer Gruppen* können Änderungen im Absorptionsspektrum innerhalb dieses Bereiches verursachen. Aus diesem Grunde lassen sich häufig Änderungen in der Configuration von Polypeptiden aus Veränderungen des UV-Absorptions-Spektrums herleiten. Änderungen im Helix-Gehalt oder in der Anordnung der Wasserstoffbindungen geben sich in dem genannten Bereich jedoch nicht unmittelbar zu erkennen. Dies ist im UV-Gebiet erst bei kleineren Wellenlängen möglich. Da die beobachtbaren Veränderungen im Tyrosin- und Tryptophan-Gebiet gewöhnlich klein sind, können sie am genauesten in der Form eines *Differenz-Spektrums* ermittelt werden. Configurationsänderungen von Polypeptiden können bei Änderungen des pH-Wertes der Lösung, bei Temperaturänderungen, Änderung der Ionenstärke des Mediums, bei Bindung niedrigmolekularer Substanzen an das Protein, bei der Aggregation von einzelnen Polypeptidketten zu Molekülkomplexen usw. eintreten. Dabei kann das Spektrum entweder zu längeren (Rotverschiebung) oder zu kürzeren Wellenlängen (Blauverschiebung) verschoben werden.

Diese Verschiebung muß nicht mit einer Veränderung der Intensität des Spektrums begleitet sein. Diese Methodik liefert in Verbindung mit anderen, in diesem Abschnitt beschriebenen Verfahren, wertvolle Angaben über die Struktur eines Proteins in wäßrigen Lösungen.

2.6.2.2.1.3. Optische Rotationsdispersion

Die Messung der optischen Rotationsdispersion von gelösten Proteinen ist gegenwärtig die am meisten angewandte Methode zur Ermittlung ihres Helixgehaltes. Die Fähigkeit, die Ebene des polarisierten Lichtes zu drehen ist eine Folge molekularer Asymmetrie. Unter optischer Rotationsdispersion versteht man die Veränderung des optischen Drehungsvermögens einer Substanz als Funktion der Wellenlänge monochromatischen, polarisierten Lichtes. Das optische Drehungsvermögen eines Polypeptides hängt von den einzelnen Beiträgen der das Molekül aufbauenden Aminosäuren und von seiner Helixstruktur ab. Der Anteil der Helixstruktur eines Polypeptides kann durch Vergleich der Drehung ermittelt werden, die dieses Polypeptid im Zustand des statistischen Knäuels einerseits und im Helixzustand andererseits verursacht. Besonders eingehend ist dabei das synthetische Polypeptid Poly-γ-Benzyl-L-Glutamat untersucht worden. Dieses Polypeptid liegt in Dichloressigsäure und Hydrazin als statistisches Knäuel, in anderen Lösungsmitteln aber in Form der α-Helix vor.

Diese Untersuchungen zeigten, daß Änderungen der *Configuration* oder *Conformation* eines Proteins auf empfindliche Weise Änderungen der optischen Rotationsdispersion hervorrufen. Es muß jedoch erwähnt werden, daß die genauen Zusammenhänge zwischen Drehungsvermögen und molekularer Struktur eines Polypeptides noch nicht völlig geklärt sind. Die Anwendung dieser Technik ist gegenwärtig nur auf einer empirischen Basis unter Verwendung synthetischer Polypeptide als Modelle möglich. Da der apparative Aufwand erschwinglich ist und auf dem Markt hochempfindliche registrierende Spektralpolarimeter angeboten werden, hat diese Methode breite Anwendung in der Conformationsanalyse von Proteinen gefunden.

Diesem Verfahren liegen die folgenden quantitativen Beziehungen zugrunde: Die spezifische Drehung $[\alpha]_\lambda$ bei einer bestimmten Wellenlänge wird definiert als

$$[\alpha]_\lambda = \frac{\alpha}{c \cdot d}$$

(α = beobachtete Drehung bei der Wellenlänge λ; c = Konzentration der drehenden Substanz in Gramm pro 100 ml; d = Länge des Lichtweges in Dezimetern).

Die einfachste Beziehung zwischen Drehungsvermögen und Wellenlänge wird durch die Drude-Gleichung ausgedrückt

$$[\alpha]_\lambda = \frac{K}{\lambda^2 - \lambda_0^2}$$

K und λ_0 sind Konstanten, die von den optischen Eigenschaften des Moleküls abhängen.

Wenn eine Substanz dieser Gleichung gehorcht, so zeigt sie „einfache optische Rotationsdispersion". Häufig muß sie jedoch für das sichtbare und ultraviolette Gebiet durch Hinzufügen eines zweiten Termes erweitert werden (komplexe Rotationsdispersion).

$$[\alpha]_\lambda = \frac{K_1}{\lambda^2 - \lambda_1^2} + \frac{K_2}{(\lambda^2 - \lambda_2^2)^3}$$

In Abhängigkeit von den Größen der verschiedenen Konstanten kann $[\alpha]_\lambda$ sein Vorzeichen mit der Wellenlänge ändern. Eine Polypeptidkette zeigt im Zustand des statistischen Knäuels einfache und in der Helix-Form komplexe Dispersion. Aus quantenmechanischen Überlegungen leitete MOFFITT die nach ihm benannte Gleichung ab:

$$[\alpha]_\lambda = \left(\frac{100}{M_0}\right)\left(\frac{n^2+2}{3}\right)\left[\frac{a_0\lambda_0^2}{\lambda^2-\lambda_0^2}+\frac{b_0\lambda_0^4}{(\lambda^2-\lambda_0^2)^2}\right]$$

M_0 = mittleres Molekulargewicht der Bausteine; n = Brechungsindex des Lösungsmittels; a_0, b_0 und λ_0 sind zusammengesetzte Konstanten, die im Zusammenhang

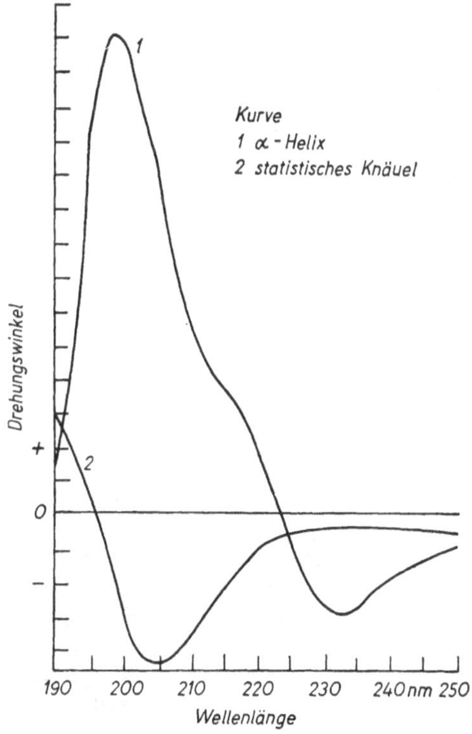

Abb. 10: Optische Rotationsdispersion von Poly-L-Lysin im Zustand der α-Helix und des statistischen Knäuels

mit den Absorptionsbanden stehen. Die Konstante b_0 ist charakteristisch für den Helix-Gehalt, während a_0 aus Helix- und Aminosäure-Anteilen zusammengesetzt ist. In der Praxis hat es sich bewährt, $\lambda_0 = 212$ nm zu setzen. Auf graphischem Wege lassen sich die Werte von a_0 und b_0 ermitteln und so eine Aussage über den Helix-Gehalt eines Polypeptides machen. Bei einem synthetischen Polypeptid ist die Helix-Struktur durch einen b_0-Wert von -625 und das statistische Knäuel durch b_0 = Null gekennzeichnet (s. Tab. 7 u. Abb. 10).

Tabelle 7:
Vergleich der optischen Rotationsdispersion mit dem Wasserstoff-Deuteriumaustausch bei unterschiedlichem Helixgehalt (Copolymere aus L-Glutaminsäure und L-Lysin)

Zusammensetzung des Makromoleküls (Molverhältnis L-Glu:L-Lys)	Optische Drehung α_{546}	b_0	% Helix	HD-Austausch %
0: 0	− 8	625	100	100
7: 3	−12	−586	>90	65−70
6: 4	−27	−439	70	65−70
5: 5	−51	−310	50	45
4: 6	−69	−131	<25	25
10:10	−92	0	0	

Eine besondere Rolle spielt der COTTON-*Effekt*. Man versteht darunter die Änderung der optischen Drehung einer Substanz in ihren Absorptionsbanden. Für Proteine kommen dabei besonders die Region um 280 nm in Betracht. Dabei findet man, daß der aus der Probe austretende Lichtstrahl nicht mehr linear polarisiert ist, sondern eine elliptische Polarisation aufweist. Beide Erscheinungen, die ungewöhnlich große Änderung der Dispersion und die Entstehung von elliptisch polarisiertem Licht, werden durch die Eigenschaft des Circulardichroismus erklärt. Die Messung des Circulardichroismus von Proteinen hat der Conformationsanalyse große Impulse gegeben. Auf diesem Gebiet gibt es neuerdings eine große Zahl theoretischer und experimenteller Fortschritte, die interessante neue Erkenntnisse auf dem Gebiet der Proteinstruktur erwarten lassen. Umfangreiche Anwendungsgebiete dieser Methoden liegen in der Untersuchung der Einflüsse des Mediums, der Wirkung von Substraten, Aktivatoren, Inhibitoren und der Einflüsse der Temperatur auf die Conformation von Proteinen. Die Prozesse der Denaturierung von Proteinen und die Bedeutung spezifischer Aminosäuresequenzen für die Sekundärstruktur von Proteinen wurden mit diesem Verfahren eingehend untersucht.

2.6.2.2.1.4. Wasserstoff-Deuterium-Austausch

Diese Methode ist geeignet, Zahl und Art der Wasserstoffbindungen in einem Proteinmolekül zu ermitteln. Grundlage der Methode ist, daß solcher Wasserstoff, der an Atomen mit einsamen Elektronenpaaren (O, N, S) sitzt, als Proton mit großer Geschwindigkeit gegen Protonen des Mediums ausgetauscht werden kann, während an Kohlenstoff gebundener Wasserstoff als nicht austauschbar gilt. Von den austauschbaren Protonen gibt es zwei verschiedene Gruppen, nämlich solche, die bei 0 °C innerhalb 30 Sekunden austauschen (schnell austauschbare) und solche, die langsamer ersetzt werden. Bei den letzteren nimmt man an, daß sie sich als Wasserstoffbindung in der Helixkonfiguration befinden. Eine eindeutige Entscheidung hierüber ist jedoch noch nicht möglich, da auch solche Protonen als schwer austauschbar angesehen werden müssen, die infolge Abschirmung durch hydrophobe Regionen von außen her unzugänglich sind. Das Insulin besitzt 91 potentiell austauschbare Wasserstoffatome. Davon werden 61 schnell, 30 langsam ausgetauscht. 48 der potentiell austauschbaren Protonen gehören Peptidbindungen an. Es geht daraus hervor, daß 63% der Peptidbindungen (30/48) des Insulins an Helixstrukturen beteiligt sein müssen.

Experimentell geht man folgendermaßen vor: man stellt sich ein Protein her, in dem durch sehr langes Aufbewahren in D_2O der gesamte austauschbare Wasserstoff durch Deuterium ersetzt wird und bringt das deuterierte Protein danach in reines H_2O. Eine andere Möglichkeit besteht darin, daß nicht vorbehandeltes Protein zur Messung in D_2O gebracht wird. Im ersten Fall mißt man die Kinetik der Deuteriumabgabe in das Lösungsmittel durch Bestimmung der Dichte oder mit Hilfe der Infrarotspektroskopie. Es wird die Gesamtheit der austauschbaren Protonen erfaßt. Im zweiten Fall wird das Verschwinden der N–H-Deformationsbande bei 1550 cm^{-1} verfolgt. Letzteres Verfahren erlaubt eine direkte Verfolgung des Protonenaustausches an den Peptidbindungen.

Wie die optische Rotationsdispersion liefert auch der Deuteriumaustausch keine eindeutigen Ergebnisse. Beim β-Laktoglobin ergab z. B. der H–D-Austausch einen Helix-Gehalt von 25% des Moleküls, andere Methoden zeigen jedoch, daß dieses Molekül über keine Helixanteile verfügt. Eine äußerst wichtige Voraussetzung für die Anwendbarkeit der Methode ist die, daß man ein sehr reines Protein für diese Messungen einsetzt.

2.6.2.3. Tertiärstruktur

Diese findet man bei den globulären Proteinen. Man versteht darunter die dreidimensionale Struktur der Proteine, d. h. die räumliche Ausdehnung der Polypeptidkette. Sie wird höchstwahrscheinlich durch die Aminosäuresequenz festgelegt. Möglicherweise entsteht die räumliche Struktur spontan aus der gegebenen Primär- und Sekundärstruktur.

Eine große Leistung war die Aufklärung der Tertiärstruktur des Myoglobins und Hämoglobins (KENDREW, PERUTZ).

2.6.2.3.1. *Methoden zur Untersuchung der Tertiärstruktur*

Die wichtigste Methode der Untersuchung der Tertiärstruktur ist die *Röntgenanalyse* von Proteinen. Sie basiert auf der fundamentalen Gleichung von BRAGG

$$n \cdot \lambda = 2d \sin \vartheta$$

(n = Interferenzordnung, λ = Wellenlänge des einfallenden Röntgenstrahlbündels; d = Abstände der Netzebenen im Kristall (Beugungszentren), ϑ = Einfallswinkel des parallelen Röntgenstrahls (Glanzwinkel). Ein Interferenzmaximum liegt dann vor, wenn die BRAGG-Bedingung erfüllt ist. Die Veränderung von ϑ wird durch Drehen eines Proteinkristalls von 0,5—1 mm Länge senkrecht zu einer seiner Achsen erreicht (Drehkristallverfahren). Eine andere Möglichkeit besteht darin, daß eine große Anzahl kleiner Kristalle in beliebiger Orientierung (Kristallpulver) durchstrahlt wird (Pulver- oder DEBYE-SCHERRER-Verfahren). Beim Drehkristallverfahren treten infolge Fixierung einer der Achsen die Beugungsmaxima als schwarze Flecke auf einer photographischen Platte auf. Dabei wird ein Beugungsdiagramm erhalten, das einer weiteren Auswertung zugänglich ist. Der Hauptschritt einer Strukturanalyse ist die Ermittlung der Koordinaten der einzelnen Atomlagen. Hierzu bedient man sich der Fouriersynthese. Dabei wird die Kristallstruktur als periodische Verteilung der Elektronendichte g (X, Y, Z) aufgefaßt. (X, Y, Z sind die Koordinaten, bezogen auf die Achsen der Elementarzelle). Die physikalische Grundlage dieses Vorgehens ist, daß die Röntgenstrahlen von den Elektronen der Atom- bzw. Ionenhüllen gestreut werden. Die Schwierigkeit der Fouriersynthese liegt darin, daß der genaue Phasenwinkel nicht bekannt ist. Eine Lösung dieses Problems wurde durch Anwendung der Methode des *isomorphen Ersatzes* erreicht. Dabei wird ein schweres elektronendichtes Atom in die Kristallstruktur des Proteins eingeführt. Diese schweren Atome (z. B. Quecksilber) dienen als Orientierungspunkte im Molekül. Aus dem Vergleich der isomorphen Formen des metallfreien und metallhaltigen Proteinkristalles läßt sich das schwere Atom innerhalb der Elementarzelle genau lokalisieren. Danach lassen sich die Phasenwinkel für die dreidimensionale Fouriersynthese eindeutig definieren. Die Feinheit der Struktur hängt vom Grad der Auflösung ab. Bei der Auflösung von 6 Å ermittelt man die Gestalt der Polypeptidketten, bei der Auflösung von 2 Å die Gestalt von Atomgruppen, und bei 1,4 Å können benachbarte Atome unterschieden werden. Die Auflösungsgrenze dieses Verfahrens liegt etwas unter 1 Å. Der Rechenaufwand nimmt mit der Feinheit der Auflösung stark zu. Bei der Auflösung von 2 Å ist die Registrierung von 250000 Reflexen notwendig (entsprechend der Verarbeitung von $5 \cdot 10^9$ Zahlen). Diese Rechenoperationen lassen sich nur mit adäquaten Rechenmaschinen lösen.

Eine oft diskutierte Frage ist, ob die Struktur eines großen Einzelkristalles eines Proteins, wie er für die Röntgenstrukturanalyse nötig ist, wirklich mit der Struktur des nativen Proteinmoleküls in Lösung übereinstimmt. Viele Überlegungen sprechen dafür, daß zwischen beiden Formen keine großen Unterschiede bestehen können. Eiweißkristalle enthalten 55% Kristallwasser, sie sind am ehesten als „geordnete Gele" aufzufassen. Dabei scheint kein großer Unterschied darin zu bestehen, ob das Protein in reines Wasser oder in Ammoniumsulfatlösung (für die Kristallisation nötig) eingebettet ist. Die Hydratation des Proteins scheint in Lösung und im Kristallverband gleich zu sein. Einen experimentellen Hinweis auf diese Problematik liefert der Vergleich des α-Helix-Gehaltes des Myoglobins, wie er sich aus Messungen im Kristallverband und in Lösung ergibt. Das Verfahren der optischen Rotationsdispersion ergibt einen Helixgehalt des Myoglobins in Lösung von 73%, die Röntgenanalyse des Myoglobinkristalls von 77%. Es ist erforderlich für die Strukturanalyse eines bestimmten Proteins mehrere Methoden heranzuziehen und ihre Ergebnisse untereinander zu vergleichen.

2.6.2.3.1.1. Struktur des Myoglobins

Diese wurde bis zu einer Auflösung von 1,4 Å am Myoglobin des Pottwals, welches gut strukturierte Kristalle gibt, eingehend erforscht (Abb. 11). 77% der 151 Aminosäuren des Myoglobins bilden 8 rechtsgängige

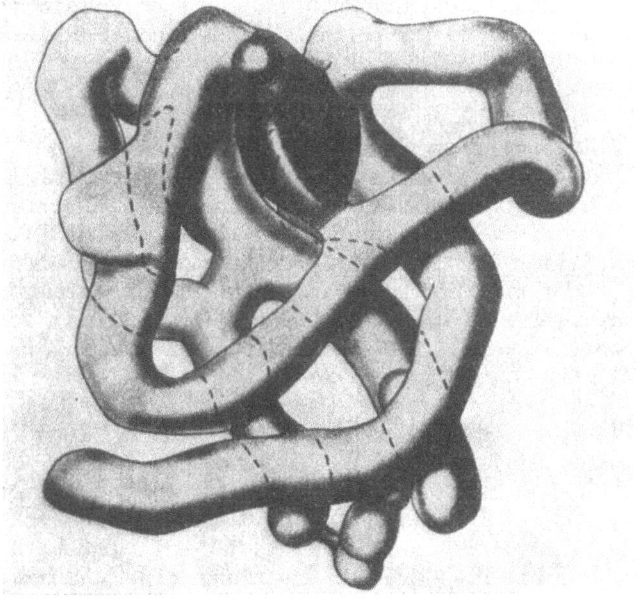

Abb. 11: Tertiärstruktur des Myoglobins (6Å-Fouriersynthese) (Aus J. C. KENDREW, R. E. DICKERSON, B. E. STRANDBERG, R. G. HART, D. R. DAVIES, D. C. PHILLIPS and V. C. SHORE, Nature 185, 1960, 422)

α-Helices mit Längen zwischen 7 und 24 Aminosäuren. Diese sind jeweils durch nichthelixartige Abschnitte unterbrochen. Das Molekül als Ganzes ist auf komplizierte und unsymmetrische Weise gefaltet. Die Häm-Gruppe ist als Platte ausgebildet und steht fast senkrecht zur Oberfläche des Moleküls. Ihre Propionsäurereste sind der Oberfläche zugekehrt, die andere Seite liegt tief im Molekül versteckt. Während bei den einzelnen Helixanteilen Wasserstoffbindungen als stabilisierende Faktoren überwiegen, wird die Tertiärstruktur anscheinend überwiegend durch VAN DER WAALSsche *Kräfte* zwischen nichtpolaren Gruppen stabilisiert.

Innerhalb des Moleküls befindet sich kein Wasser. Das ganze Myoglobinmolekül muß als sehr kompakt angesehen werden. Die polaren Aminosäurereste liegen an der Oberfläche des Moleküls, im Innern des Moleküls befinden sich praktisch nur die hydrophoben Seitenketten.

Eine besondere Bedeutung kommt den Wechselwirkungen der *Häm-Gruppe* mit dem Eiweißanteil zu. Die 5. Koordinationsstelle des Fe-Atoms belegt der Ringstickstoff eines *Histidinrestes*, die sechste Stelle wird durch ein Wassermolekül besetzt. Jenseits des Wassermoleküls befindet sich über eine Wasserstoffbindung gebunden ein zweiter Histidinrest. Bei der Oxygenierung wird dieses Wassermolekül durch Sauerstoff ersetzt. (Siehe Teil II).

Der Porphyrinring stellt nicht einfach eine ebene Platte dar, sondern ist leicht gegen die 6. Valenz des Eisens gekrümmt. Die Wechselwirkungen zwischen dem Häm und dem Protein werden hauptsächlich durch hydrophobe Bindungen stabilisiert. Dabei gilt, daß nicht das Globin die Hämbindung stabilisiert, sondern daß schlechthin durch die Wechselwirkungen zwischen beiden das Myoglobin-Molekül als Ganzes stabilisiert wird. Das geht daraus hervor, daß die optische Rotationsdispersion des hämfreien Globins von der des nativen Myoglobins verschieden ist.

2.6.2.3.1.2. Struktur des Hämoglobins

Während das Myoglobin nur aus einer Polypeptidkette mit einer *Häm*-Gruppe besteht, ist das Hämoglobin aus 4 Ketten mit je einer Häm-Gruppe aufgebaut (Quartärstruktur).

Es wurden die Tertiär- und Quartär-Strukturen des Pferde- und Menschen-Hämoglobins eingehend untersucht (Abb. 12a u. 12b). Bedeutungsvoll ist, daß jede der vier Ketten, die das Hämoglobin aufbauen, an die Tertiärstruktur des Myoglobins erinnert. Die Primär-

Abb. 12a: Tertiärstruktur des Hämoglobins: β-Kette mit einzelnen Aminosäurepositionen
(Aus CULLIS, A. F. H. MUIRHEAD, A. C. T. NORTH, M. F. PERUTZ und M. G. ROSSMANN, 1962, Proc. Roy. Soc., London, A, 265, 161)

strukturen der Hämoglobin- und Myoglobin-Ketten weisen andererseits Unterschiede auf (die α- und β-Ketten des Hämoglobins stimmen mit der Myoglobinkette nur in 20 Positionen überein). Auch im Hämoglobin

Abb. 12b: Tertiärstruktur des Hämoglobins. Zusammenlagerung von zwei β-Ketten und einer α-Kette. Die zweite α-Kette ist weggelassen. Es ist die Einlagerung der Häm-Platte in die rechte β-Kette ersichtlich
(Aus A. F. Cullis, H. Muirhead, A. C. T. North, M. F. Perutz and M. G. Rossmann, Proc. Roy. Soc., London, A, 265, 1962, 161)

befinden sich die Häm-Gruppen in „Taschen“ an der Oberfläche der 4 Teilmoleküle. Alle Prolinreste stehen an den Ecken der Nicht-Helix-Regionen. Jedoch gibt es auch andere Knicke oder Bögen entlang der Kette, die nicht von Prolinresten besetzt sind (z. B. Phenylalaninrest in Position 41). Es ist jetzt möglich, jedem Abschnitt der dreidimensionalen Hämoglobinstruktur die entsprechende Aminosäuresequenz zuzuordnen.

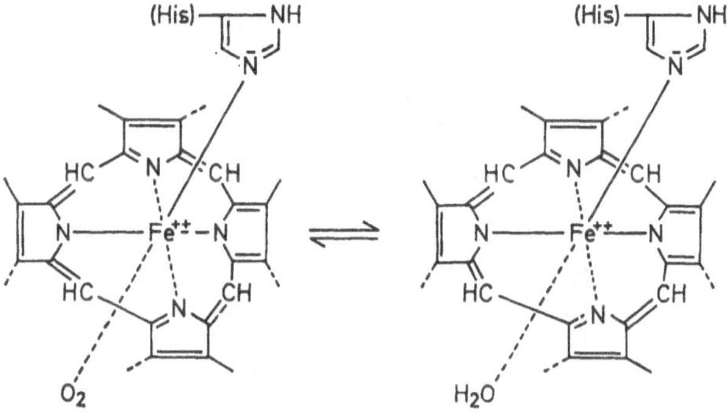

Abb. 13: Sauerstoffbindung an das Häm

2.6.2.3.1.3. Sauerstoffbindung durch das Hämoglobin

Hämoglobin hat die Eigenschaft, Sauerstoff reversibel zu binden. Dabei erfolgt eine Anlagerung des Sauerstoffs an das Fe^{2+} des Häms, ohne daß sich dabei dessen Wertigkeitsstufe verändert. Die Anlagerung des O_2 erfolgt, indem das Wassermolekül, welches in der desoxygenierten Form des Hämoglobins die 6. Bindungsstelle des Eisens besetzt, gegen den Sauerstoff ausgetauscht wird. Vier Bindungsstellen des Fe^{2+} werden durch vier N-Atome der Porphyrinringe und die fünfte koordinative Valenz durch den Stickstoff des Imidazolrestes eines Histidinmoleküls besetzt. Ein weiteres Histidinmolekül befindet sich in der Nähe der 6. Bindungsstelle des Eisens. Man kann sich vorstellen, daß sich zwischen diesem Histidin und dem Fe^{2+} in der Desoxyform das Wasser und in der Oxyform der Sauerstoff befindet (Abb. 13). Neuere Ergebnisse besagen, daß in der Desoxyform des Hämoglobins die 6. Bindungsstelle des Fe^{2+} unbesetzt ist. Ein Hämoglobin-

Molekül vom Molekulargewicht 64500 bindet maximal vier Mole Sauerstoff, da es aus vier Subeinheiten besteht, die je eine Hämgruppe tragen. Das monomere Myoglobin demgegenüber bindet nur ein Mol Sauerstoff.

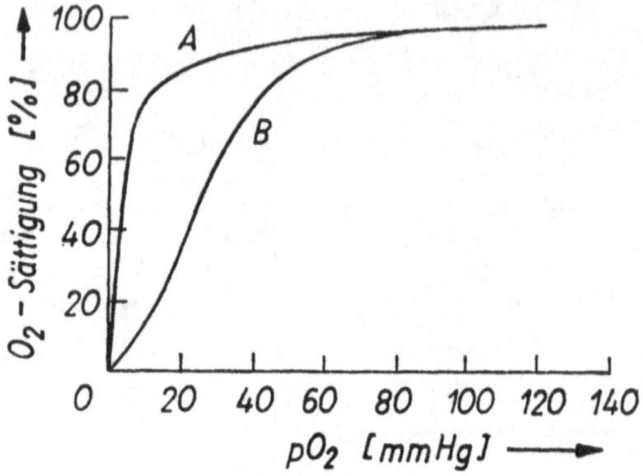

Abb. 14: Sauerstoffbindungskurve des Myoglobins (A) und des Hämoglobins (b)

Es ist eine sehr erstaunliche Tatsache, daß die O_2-Bindungskurve des Hämoglobins nicht, wie man a priori erwarten müßte, hyperbelförmig, wie die des Myoglobins, sondern S-förmig („sigmoidal“) verläuft (Abb. 14). Dies weist darauf hin, daß eine Häm-Häm-Wechselwirkung in der Weise besteht, daß bei Bindung eines O_2-Moleküls an das tetramere Hämoglobin eine mehrfache Affinitätssteigerung der noch unbesetzten Hämgruppen zum Sauerstoff eintritt. Die Gleichgewichtskonstante der Häm-Sauerstoff-Reaktion erhöht sich um den Faktor 12, wenn das benachbarte Häm den Sauerstoff aufgenommen hat. Eine direkte Wechselwirkung zwischen den Hämgruppen erscheint aus räumlichen Gründen unwahrscheinlich. So ist der Abstand der Fe-Atome zwischen den β-Ketten 33,4 Å und der geringste Abstand zwischen zwei Fe-Atomen 25,2 Å (bezogen auf Oxyhämoglobin). Röntgenographisch wurde nachgewiesen, daß es zwei verschiedene Conformationszustände des Hämoglobins gibt, die sich in ihrer Sauerstoffaffinität unterscheiden (Perutz). Der eine Zustand (R) hat eine niedrige, der andere (O) hat eine hohe Affinität zum Sauerstoff. Diese beiden Zustände können mittels Röntgenanalyse voneinander unterschieden werden. Sie unterscheiden sich hauptsächlich in der Anordnung der Untereinheiten zueinander. Bei Oxygenierung des Desoxyhämoglobins tritt eine Drehung und Verschiebung der Untereinheiten ein, so daß im O-Zustand die Abstände der Fe-Atome der β-Ketten um 6,5 Å geringer, und die zwischen den Fe-Atomen der α-Ketten um 1 Å größer als im R-Zustand sind. Es ist sehr wahrscheinlich, daß diese Verschiebungen durch Änderungen der räumlichen Struktur der einzelnen Untereinheiten zustande kommen.

Zwischen dem R- und dem O-Zustand gibt es in wäßriger Lösung vermutlich ein Gleichgewicht. Bei Abwesenheit von Sauerstoff liegt dieses auf der Seite von R. Zugabe kleiner Mengen Sauerstoff bewirkt eine Verschiebung des Gleichgewichtes zum Zustand O hin. Dabei tritt die merkwürdige Erscheinung ein, daß die Bindung eines Moles O_2 an eine der vier Hämgruppen nicht nur eine Conformationsänderung der zugehörigen Polypeptidkette bewirkt, sondern nach dem Prinzip eines Alles- oder Nichts-Vorganges auch eine entsprechende Conformationsänderung in den anderen drei Polypeptidketten zu induzieren scheint. Dadurch tritt eine Verschiebung des $R \leftrightarrows O$-Gleichgewichtes nach O und eine Vergrößerung der Zahl der Hämoglobinmoleküle im O-Zustand, also in der Form mit größerer Sauerstoffaffinität, ein. Dies ist eine Möglichkeit der Erklärung des S-förmigen Verlaufes der Sauerstoffbindungskurve. Solche Wechselwirkungen sind beim Myoglobin ausgeschlossen, da dieses nur aus einer Polypeptidkette besteht. Seine Sauerstoffbindungskurve stellt eine einfache Sättigungsfunktion dar, sie besitzt also die Form einer rechtwinkligen Hyperbel.

Der pH-Wert hat einen physiologisch bedeutungsvollen Einfluß auf die Sauerstoffbindungskurve des

Hämoglobins (BOHR-Effekt). Eine Erniedrigung des pH-Wertes hat eine Verminderung der Sauerstoffaffinität zur Folge. Es kommt zu einer Parallelverschiebung der Sauerstoffbindungskurve des Hämoglobins, ohne daß dabei eine Änderung in der Stärke der Wechselwirkungen zwischen den Subeinheiten eintritt.

Eine außerordentlich interessante Tatsache ist, daß das aus vier β-Ketten aufgebaute Hämoglobin H (s. S. 52) eine Sauerstoffbindungskurve ergibt, die der des Myoglobins gleicht. Dies zeigt, daß die vier Hämgruppen unabhängig voneinander mit dem Sauerstoff reagieren, d. h. untereinander nicht in Wechselwirkung stehen. Auch zeigt das Hämoglobin H nur einen kleinen BOHR-Effekt. In glänzender Übereinstimmung dazu wurde gefunden, daß die oxygenierte und reduzierte Form des Hämoglobin H die gleiche Kristallstruktur aufweist. Eine Erklärungsmöglichkeit für dieses Verhalten ist die, daß für das Hämoglobin H kein R-Zustand, also keine Form mit niedriger Sauerstoffaffinität existiert, sondern die reduzierte Form in einer Conformation vorliegt, die der des normalen Oxyhämoglobins entspricht. Der Vergleich zwischen Hämoglobin A und Hämoglobin H zeigt, daß die α-Ketten eine wichtige Rolle bei den Häm-Häm-Wechselwirkungen spielen müssen.

Eine andere interessante Hypothese zur Erklärung des S-förmigen Verlaufs der O_2-Bindungskurve des Hämoglobins wurde von BENESCH und BENESCH entwickelt. Sie gründet sich darauf, daß eine teilweise Oxydation von Fe^{++} zu Fe^{+++} im Hämoglobin eine beträchtliche Steigerung der Sauerstoffaffinität der noch im zweiwertigen Zustand befindlichen Fe^{++}-Atome hervorruft (wenn alles Fe^{++} zum Fe^{+++} oxydiert ist (Methämoglobin), ist das Sauerstoffbindungsvermögen natürlich erloschen).

Eine Affinitätssteigerung zum Sauerstoff findet man auch, wenn das Hämoglobin partiell mit Kohlenmonoxyd gesättigt ist (HALDANE-Effekt). Für die erhaltenen Sauerstoffbindungskurven ist es gleichgültig, ob in einer Hämoglobinlösung jedes einzelne Molekül, z. B. zu 50% in die Fe^{+++}-Form umgewandelt wurde, oder ob die eine Hälfte aller Hämoglobinmoleküle zu 0%, die andere zu 100%, in der Fe^{+++}-Form vorliegen.

Aus diesen und weiteren Befunden wurde ein Kettenaustausch zwischen den einzelnen Hämoglobinmolekülen abgeleitet, der für die sigmoidale Sauerstoffbindungskurve verantwortlich sein soll. Dieser Kettenaustausch berücksichtigt die anderweitig erhärtete Tatsache, daß eine Dissoziation des Hämoglobinmoleküls ($\alpha_2\beta_2$) symmetrisch in die dimeren Formen $\alpha\beta$ und nicht in α_2 und β_2 erfolgt.

Schematisch stellt sich der Kettenaustausch folgendermaßen dar:

1. *Oxygenierung des Zustandes R (niedrige Affinität) zum Zustand O (hohe Affinität)*

$$\begin{matrix}\alpha\beta\\ \beta\alpha\end{matrix} \rightarrow \begin{matrix}\alpha^0\beta^0\\ \beta^0\alpha^0\end{matrix}$$

2. *Dissoziation*

$$\begin{matrix}\alpha^0\beta^0\\ \beta^0\alpha^0\end{matrix} \leftrightharpoons \alpha^0\beta^0 + \alpha^0\beta^0$$

3. *Austausch (Umwandlung des Zustandes R in den Zustand O)*

$$\begin{matrix}\alpha\beta\\ \beta\alpha\end{matrix} + \begin{matrix}\alpha^0\beta^0\\ \beta^0\alpha^0\end{matrix} \rightarrow \begin{matrix}\alpha^*\beta^*\\ \beta^0\alpha^0\end{matrix} + \begin{matrix}\alpha^0\beta^0\\ \alpha^*\beta^*\end{matrix}$$

4. *Oxygenierung des O-Zustandes*

$$\begin{matrix}\alpha^*\beta^*\\ \beta^0\alpha^0\end{matrix} \rightarrow \begin{matrix}\alpha^0\beta^0\\ \beta^0\alpha^0\end{matrix}$$

$\alpha^*\beta^*$ bezeichnet die nicht oxygenierten Subeinheiten im O-Zustand. Die hierfür erforderliche Conformationsänderung in diesen Subeinheiten $R \rightarrow O$ wird durch Wechselwirkungen zwischen den $\beta^0\alpha^0$-Einheiten und diesen Ketten erzwungen.

Bei niedrigen Sauerstoffdrucken herrscht Reaktion 1 vor, bei schrittweiser Steigerung des O_2-Druckes erhöht sich ständig der Anteil der Reaktion 4.

Hämoglobin H, welches keine Häm-Häm-Wechselwirkungen aufweist, besitzt auch nicht die Fähigkeit eines Kettenaustausches. Dieser Befund kann als Stütze dieser Vorstellung aufgefaßt werden.

Schließlich sei noch erwähnt, daß der S-förmige Verlauf der Sauerstoffbindungskurve von der Ionenstärke des Mediums abhängt. Bei extrem niedriger Ionenstärke beobachtet man ihn nicht. Eine bedeutende Beobachtung ist die, daß die in roten Blutkörperchen in beträchtlicher Konzentration vorkommende 2,3-Diphosphoglyzerinsäure (s. Teil II) bei kleinen Ionenstärken in der Lage ist, den anomalen Verlauf der Sauerstoffbindungskurve in einen S-förmigen umzuwandeln.

2.6.2.3.1.4. Struktur des Lysozyms

Durch Phillips und seine Gruppe konnte in neuerer Zeit die Struktur des Lysozyms mit einer 2 Å-Auflösung aufgeklärt werden. Dieses Protein besteht aus 129 Aminosäuren, hat aber eine viel kompliziertere Struktur als das Myoglobin. Es hat einen niedrigeren α-Helix-Gehalt als Myoglobin (42%). Während im Myoglobin die hydrophoben Aminosäurereste nach innen und die polaren Seitenketten nach außen gerichtet sind, liegen hier die hydrophoben Tryptophan-Reste direkt an der Oberfläche. Andererseits werden einige polare Reste von der Oberfläche abgeschirmt und liegen im Innern des Moleküls (Ser, Asp-NH_2, Glu-NH_2). Alle Lysin- und Arginin-Reste liegen oberflächlich. Wenn sich das Lysozym mit Inhibitoren verbindet, treten interessante Veränderungen in seiner Tertiärstruktur ein. Sie sind den Strukturänderungen vergleichbar, die bei Bindung von O_2 an das Hämoglobin eintreten. Dieses Phänomen hat eine große Bedeutung für die Erklärung der spezifischen Wirkungs-

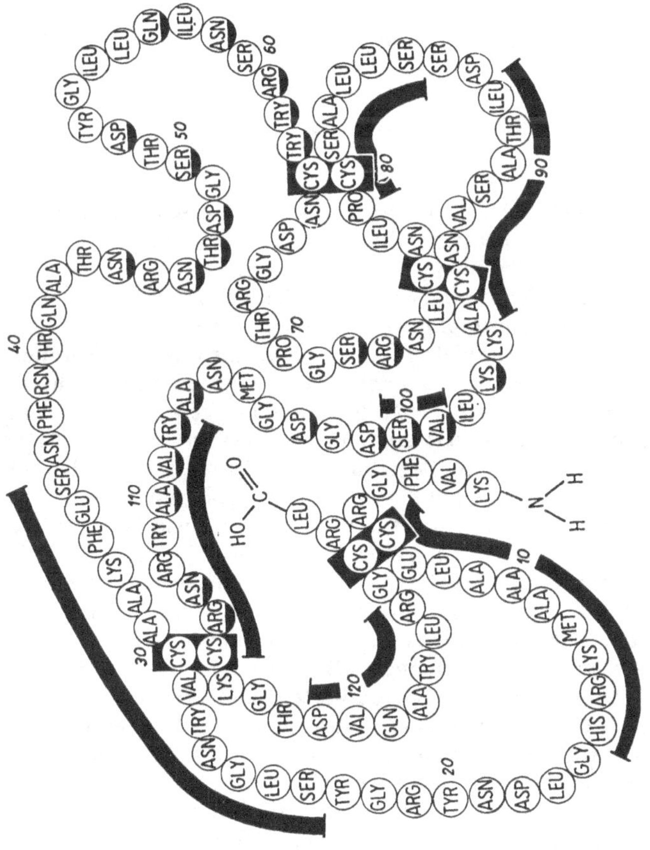

Abb. 15: Primärstruktur des Lysozyms
Dicke Linie: Strecken mit α-Helix-Konfiguration
Unterstrichene Aminosäuren: Bindungszentren für das Substrat

weise von Proteinen, insbesondere von Enzymen (s. Teil II) (Abb. 15).

In neuester Zeit konnten außerdem die Tertiärstrukturen von Chymotrypsinogen, Insulin und Ribonuclease teilweise bzw. vollständig aufgeklärt werden.

2.6.2.4. Weitere Aspekte der Quartär-Struktur einiger Eiweiße

Intensive Studien, vor allem die Anwendung der analytischen Ultrazentrifugation, Dichtegradientenzentrifugation, Streulichtphotometrie, Elektrophoresetechnik und die Weiterentwicklung der Methoden der Endgruppenbestimmung von Polypeptidketten (s. S. **44**), ergaben, daß sehr viele Proteine nicht nur aus einer Polypeptidkette bestehen, sondern aus mehreren untereinander gleichen oder wie das Hämoglobin aus verschiedenen Subeinheiten aufgebaut sind. Obwohl es verschiedene Arten der Definition des Begriffs „Subeinheit“ gibt, werden wir ihn im allgemeinen synonym mit „Polypeptidkette“ gebrauchen. Von großer Bedeutung ist, daß zwischen verschiedenen Subeinheiten keine kovalenten Bindungen existieren dürfen. In diesem Sinne ist die 6000-Einheit des Insulins, die aus zwei Polypeptidketten besteht, nicht aus zwei Subeinheiten aufgebaut, da diese durch zwei kovalente Bindungen zusammengehalten werden. Die 12000-Einheit des Insulins hingegen besteht aus zwei Subeinheiten. Manchmal wird auch im selben Sinne wie „Subeinheiten“, der Ausdruck „Monomeres“ verwendet. Wir gebrauchen den Begriff „Monomer“ bei Enzymen für diejenige Einheit, die ein aktives Zentrum hat. Ein Protein kann aus identischen oder nichtidentischen Monomeren aufgebaut sein. Letzteres ist im Hämoglobin der Fall. Aggregate von Monomeren sind Oligo- oder Polymere. Im Hämoglobin sind „Subeinheiten“ und „Monomere“ identisch. Ein Protein, welches aus zwei Monomeren aufgebaut ist, ist ein dimeres Protein. Unter dem Ausdruck „Protomer" versteht man die kleinste. *identische* Einheit eines oligomeren Proteins (z. B. $\alpha\beta$-Protomer des Hämoglobins).

Tabelle 8:
Molekulargewichte und Subeinheiten oligomerer Proteine

Protein	Molgewicht	Zahl der Monomeren	Molgewicht der Subeinheiten
β-Lactoglobulin	35000	2	17500
Glycerin-1-Phosphat-Dehydrogenase	78000	2	40000
Enolase	82000	2	41000
Hexokinase	96000	4	24000
Hämerythrin	107000	8	13500
Milchsäuredehydrogenase	150000	4	35000
Coeruloplasmin	151000	8	18000
Pyruvatkinase	237000	4	57200
Aspartat-		2	96000
Transcarbamylase	310000	4	30000
Urease	483000	6	83000
Glutaminsäure-dehydrogenase	2000000	5	400000
Poliomyelitis-Virus	5500000	130	27000
Tabak-Mosaic-Virus	40000000	2130	17500

Wie die Tabelle 8 erkennen läßt, gibt es ein breites Spektrum von Eiweißen, die aus Subeinheiten aufgebaut sind. Es reicht von Proteinen mit relativ niedrigem Molekulargewicht bis zu hochmolekularen Aggregaten (mehrere 100 und darüber), z. B. Viren. Oligomere oder polymere Proteine können auf verschiedene Weise in ihre Untereinheiten zerfallen:

1. Proteinmolekül $\leftrightharpoons$ einzelne Polypeptidketten

2. Proteinmolekül $\leftrightharpoons$ Protomere (identische Einheiten aus mehreren Polypeptidketten) $\leftrightharpoons$ Monomere (einzelne Polypeptidketten)

3. Proteinmolekül $\leftrightharpoons$ Protomere oder Monomere + einzelne Polypeptidketten

Die Dissoziation nach Gleichung 3 ist weniger verbreitet. Proteine vom homogenen Typ (aufgebaut aus identischen Polypeptidketten) dissoziieren im allgemeinen nach Gleichung 1, zusammengesetzte Proteine des heterogenen Typs (bestehend aus verschiedenen Polypeptidketten) dissoziieren häufig nach Gleichung 2. Manchmal stellt dies eine symmetrische Dissoziation dar, d. h. die gebildeten Spaltprodukte sind identisch aufgebaut (z. B. beim Hämoglobin das $\alpha\beta$-Protomer, s. S. 79). Dissoziation und Reaggregation können durch verschiedene Bedingungen und Reagenzien ausgelöst werden: Erhöhung oder Erniedrigung der Temperatur, Veränderungen der Ionenstärke, des pH-Wertes, Zugabe von Harnstoff oder Guanidinhydrochlorid (Dissoziation) und anschließende Entfernung (Reaggregation), Veränderung der Konzentration des betreffenden Proteins, Bindung von Liganden usw.

Die Quartärstruktur sowie Art und Zahl der Subeinheiten haben für die biologische Aktivität eine sehr große Bedeutung. Für einen Teil der Enzyme stimmt die Zahl der Bindungszentren für Substrate oder Coenzyme mit der Zahl der Subeinheiten überein (Alkoholdehydrogenase, Lactatdehydrogenase, Glycerinaldehyd-3-Phosphat-Dehydrogenase usw.). Im Falle der Aspartat-Transcarbamylase und β-Galaktosidase ist die Zahl der Polypeptidketten größer als die Zahl der aktiven Zentren. In solchen Fällen wird ein Protomeres entweder aus strukturell und funktionell verschiedenen Ketten aufgebaut (z. B. sog. katalytische und regulatorische Subeinheiten, s. Teil II) oder es sind an der Ausbildung eines aktiven Zentrums mehrere Polypeptidketten beteiligt. Ähnliches gilt auch für die Ausbildung der zwei Antigen-Bindungsstellen an den aus je zwei Polypeptidkettenpaaren bestehenden Immunoglobulinen (s. S. 53). Die Aspartat-Transcarbamylase besteht aus zwei verschiedenen Typen von Polypeptiden, die sich sehr deutlich im Molekulargewicht unterscheiden (s. Tab. 8). Es wurde erkannt, daß nur die Subeinheit mit einem Molekulargewicht von 96000 katalytisch aktiv ist, während die kleinere Einheit regulatorische Funktionen besitzt, indem sie Inhibitoren oder Aktivatoren zu binden vermag. Auftretende Wechselwirkungen zwischen diesen Subeinheiten im Molekularverband können die Affinität der katalytisch aktiven, größeren Einheit zu ihren Substraten verändern. Dieses Phänomen ist den Wechselwirkungen zwischen den Subeinheiten des Hämoglobins sehr ähnlich. Sie ist die Grundlage der Theorie der regulatorisch wirkenden allosterischen Enzyme (s. Teil II).

Eine besondere Rolle spielen die sog. Multienzymsysteme. Man versteht darunter mehr oder weniger fest-

Nichtkovalente Bindungen in Proteinen

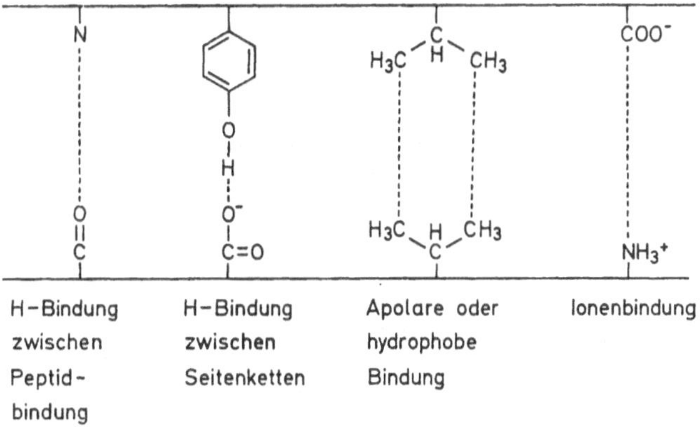

gefügte Aggregate aus verschiedenen Enzymmolekülen die Bestandteile einer Reaktionskette sind. Sie stellen hochorganisierte und an ihre Aufgabe hervorragend angepaßte Protein-Komplexe dar, deren Teile in mannigfaltigen Wechselwirkungen untereinander stehen. Besonders intensiv wurden der Fettsäure-Synthetase-Komplex aus Hefe (Teilchengewicht $2{,}3 \cdot 10^6$, bestehend aus sieben verschiedenen Enzymproteinen als Untereinheiten) und der Brenztraubensäure-Dehydrogenase-Komplex aus *E. coli* (Teilchengewicht $4{,}8 \cdot 10^6$, bestehend aus drei verschiedenen aktiven Komponenten und mehr als 100 Polypeptidketten) untersucht.

Wie erwähnt, verlieren häufig die bei der Dissoziation von oligomeren Proteinen entstehenden Monomeren teilweise oder völlig ihre biologischen Funktionen (z. B. Verlust der enzymatischen Aktivität). Bei den isolierten α- und β-Ketten des Hämoglobins sind keine Häm-Häm-Wechselwirkungen und kein BOHR-Effekt mehr zu beobachten. Sie besitzen eine wesentlich höhere Affinität zum Sauerstoff als das tetramere Hämoglobin. Alle Befunde zeigen, daß die Monomeren von zusammengesetzten Proteinen im dissoziierten Zustand eine andere Conformation aufweisen müssen als im oligomeren Verband. Dies zeigt, daß die nichtkovalenten Bindungen zwischen den Subeinheiten im Molekülverband einen wesentlichen Einfluß auf deren Conformationszustand ausüben. Dadurch werden in vielen Fällen die katalytische Aktivität des Moleküls und eine Reihe weiterer funktioneller Eigenschaften modifiziert. Man kann sie als Eigenschaften *höherer Ordnung* bezeichnen. Das Hämoglobin und die Aspartat-Transcarbamylase liefern dafür eindrucksvolle Beispiele.

Die Quartär-Struktur hat einen großen Anteil an der Stabilisierung der Struktur. Durch Zusammenfügung mehrerer flexibler monomerer Einheiten zu einem oligomeren Molekülverband wird diesem ein höherer Grad an Festigkeit verliehen, die die isolierten Einheiten nicht besitzen. Es ist eine allgemeine Erfahrung, daß solche Enzyme, die eine Deaggregation bei niedrigen Proteinkonzentrationen aufweisen, im verdünnten Zustand sehr instabil sind. Diese Betrachtungen bringen uns zu der Frage, durch welche Kräfte überhaupt die Conformation eines Proteins bestimmt wird.

2.6.2.5. *Stabilisierung der höheren Proteinstrukturen*

Strukturbestimmend für ein Protein sind verschiedene Bindungen, die teils kovalenter und teils nichtkovalenter Natur sind. Die beiden kovalenten (homöopolaren) Bindungen in Proteinen sind die Peptid- und die Disulfidbindungen (in manchen Proteinen findet man außerdem Phosphorsäure, die kovalent an Serin gebunden ist). Die nichtkovalenten Bindungen, die für die Aufrechterhaltung der Sekundär-, Tertiär- und Quartär-Struktur (diese drei Strukturebenen eines Proteins, vor allem die Sekundär- und Tertiärstruktur, werden zusammenfassend als Conformation eines Proteinmoleküls bezeichnet), von Bedeutung sind, werden repräsentiert a) durch die Wasserstoffbindung, b) die apolare oder hydrophobe Bindung und c) die Ionenbindung (heteropolare oder elektrovalente Bindung) (s. Abb. S. 91). Eine Wasserstoffbindung kann sich zwischen zwei elektronegativen Atomen ausbilden, wenn sich zwischen diesen ein Wasserstoffatom oder besser gesagt ein Proton befindet. In Eiweißen (und Nukleinsäuren, s. d.) kommen ausnahmslos hierfür O- und N-Atome in Betracht. Das Proton stammt von einer stark polaren Gruppe (z. B. -NH), dem Protonendonator, und tritt mit einem einsamen Elektronenpaar des elektronegativen Acceptors (z. B. Sauerstoff) in Wechselwirkung. Man unterscheidet dabei H-Bindungen, die zwischen Peptidbindungen (entweder der gleichen oder verschiedenen Polypeptidketten, s. Sekundärstruktur) oder zwischen den Seitenketten verschiedener Aminosäuren ausgebildet werden. Der Bindungswinkel ist im allgemeinen 180°. Die Bindungsenergie liegt zwischen 2 und 10 kcal/mol. Sie hängt von verschiedenen Parametern, wie Größe des Abstandes, Art der Umgebung usw. ab. Gewöhnlich liegen die Mittelpunktsabstände zwischen Elektronendonator und -acceptor zwischen 2,3 und 3,2 Å. Bei Abständen um 2,5 Å liegt das Proton zentral zwischen O und N. Bei größeren Abständen ist es vorwiegend im Donatorraum lokalisiert.

Wie schon ausgeführt, haben die Wasserstoffbindungen einen großen Anteil am Aufbau der α-Helix. Sie sind von großer Bedeutung für die Stabilität der Struktur eines Proteinmoleküls.

40% aller in Proteinen vorkommenden Aminosäuren haben apolare Seitenketten (Methylgruppe des Alanins, Isopropylgruppe des Valins, sekundäre Butylgruppe des Leucins, Phenylgruppe des Phenylalanins). Daraus kann die große Bedeutung von hydrophoben Wechselwirkungen für die Tertiärstruktur von Eiweißen abgeleitet werden. Am Myoglobin wurde gezeigt, daß eine stabile Tertiärstruktur dann entstehen kann, wenn im Innern eines Eiweißmoleküls hydrophobe Bezirke konzentriert sind und dadurch eine Unzugänglichkeit für Wasser entsteht. Das Beispiel des Lysozyms, bei dem große Teile der polaren und apolaren Seitenketten gerade entgegengesetzt gelagert sind, zeigt, daß dies nicht generell zuzutreffen braucht. Diese beiden Beispiele weisen auf die Kompliziertheit des Problems hin. Um die Bedeutung hydrophober Wechselwirkungen richtig verstehen zu können, erinnern wir uns daran, daß das flüssige Wasser eine bestimmte „Struktur" aufweist. Wassermoleküle haben nämlich die Fähigkeit, über intermolekulare Wasserstoffbrücken dreidimensional vernetzte Strukturen (sog. Cluster) zu bilden.

Von Bedeutung ist, daß die strukturelle Ordnung des Wassers, d. h. die Zahl der Wasserstoffbrücken pro Mol Wasser, in der Nachbarschaft von unpolaren Gruppen zunimmt (positiver Entropieeffekt). Der Grund für die Stabilisierung der Cluster ist die Zunahme der zwischenmolekularen Kräfte in der Umgebung der unpolaren Moleküle. Bei Annäherung oder Berührung hydrophober Seitenketten nimmt die Zahl der unmittelbar benachbarten freien Wassermoleküle ab. Eine Zunahme der Cluster um die hydrophoben Seitenketten und die hydrophoben Bindungen führt infolge einer steigenden Immobilisierung der Wassermoleküle zu einer Stabilisierung des Proteinmoleküls in wäßriger Lösung. In diesem Zusammenhang spricht man von kristallisierten Hydraten oder „Hydratations-Eisbergen", die sich um die unpolaren Gruppen herum ausbilden. Es kommt jedoch dabei nicht zu einem „Einfrieren" der Proteinstruktur. Die Proteinstruktur weist trotzdem einen hohen Grad an Flexibilität auf. Man muß sich vorstellen, daß wir es nicht mit unpolaren Einzelmolekülen zu tun haben, die unabhängig voneinander in der wäßrigen Lösung vorliegen, sondern daß es sich bei den hydrophoben Bezirken um Teile eines flexiblen Makromoleküls handelt. Die hydrophoben Bindungen sind wichtige, vielleicht sogar die wichtigsten strukturstabilisierenden Kräfte in einem Eiweißmolekül.

Durch hydrophobe Agenzien können Änderungen in der Proteinconformation hervorgerufen werden. Wenn man zu β-Lactoglobulinlösungen verschiedene Kohlenwasserstoffe zusetzt, so werden diese gebunden und dabei Conformationsänderungen erzeugt, wie aus Viskositätsmessungen, Messungen der optischen Rotationsdispersion und einem veränderten UV-Spektrum hervorgeht. Auch auf Enzyme können hydrophobe Substanzen Einflüsse ausüben. Die Alkoholdehydrogenase aus Hefe wird durch 1-Alkyl-3-aminocarbamylpyridiniumchlorid bei Kettenlängen zwischen C_3 bis C_{11} im zunehmendem Maße gehemmt. Bei fettsäureesterspaltenden Esterasen hängt die Geschwindigkeit der Enzymreaktion von der Länge des Substrat-Acylrestes ab. Die Affinität des Enzyms zum Substrat wird jedoch davon nicht beeinflußt. Es ist sehr wahrscheinlich, daß der hydrophobe Anteil des Substrates mit hydrophoben Anteilen des aktiven Zentrums der Esterasen in Wechselwirkungen tritt. Größe und Flexibilität des aktiven Zentrums bestimmen offenbar, wie groß die optimale Kettenlänge des hydrophoben Restes sein muß. Die Bedeutung von apolaren Gruppen für die Proteinstruktur geht auch aus Experimenten an der Ribonuclease hervor, die sich mit der Rückbildung ihrer nativen Struktur nach Harnstoffdenaturierung und Reduktion ihrer Disulfidbrücken mittels Mercaptoäthanol befaßten. Bei Modifikation der polaren, an der Oberfläche des Enzyms gelegenen Seitenketten (wie Lysin, Glutaminsäure und Asparaginsäure) wird die Rückbildung nicht vermindert, vorausgesetzt, daß dabei keine hydrophoben Seitenketten eingeführt werden. Beim Trypsin führt die Einführung aromatischer Ringe in die Oberfläche zu einer deutlichen Veränderung der Renaturierungsgeschwindigkeit.

Die *polaren Wechselwirkungen*, die zur Ausbildung von Ionenbindungen führen, sind eingehend am Myoglobin studiert worden. Der größte Teil der hydrophilen polaren Gruppen bindet Wassermoleküle, da sie oberflächlich gelagert sind. Nur ein kleinerer Teil bildet intramolekulare Ionenbindungen aus. Es ist anzunehmen, daß die Verhältnisse beim Lysozym etwas anders liegen. Dies zeigt, daß die Bedeutung der Ionenbindungen bei verschiedenen Proteinen unterschiedlich ist.

Für die einem Protein innewohnende Sekundär- und Tertiärstruktur ist die Primärstruktur von entscheidender Bedeutung. Man kann sagen, daß die Primärstruktur bestimmend für die Sekundär- und Tertiärstruktur ist. Dies wurde aus der Tatsache abgeleitet, daß eine Reihe von Proteinen nach ihrer Denaturierung innerhalb einer bestimmten Zeit in der Lage ist, die charakteristische Architektur und die Eigenschaften der nativen Form wieder anzunehmen. Beispiele dieser Art sind Ribonuclease, Lysozym u. a. Auch oligomere Proteine, z. B. Aldolase, können sich nach Säurebehandlung und Aufspaltung in Subeinheiten zumindest zu einem Teil in ihre native Form zurückbilden. Andere Proteine zeigen diese Eigenschaften nicht. Bei manchen Proteinen ist die Geschwindigkeit der Rückbildung groß genug, um nachgewiesen werden zu können, bei manchen ist sie unmeßbar klein.

Offenbar stellt die native Conformation eines Proteins eine thermodynamisch stabile Form mit geringster freier Energie dar. Dieser Zustand ist jedoch nicht starr, sondern dynamisch. Er kann durch die Bindung von Liganden oder durch mehr oder weniger spezifische Einflüsse des Mediums verändert werden. Trotz der Kompliziertheit eines Proteinmoleküls ist anzunehmen, daß die Zahl seiner Conformationszustände begrenzt ist. Bei manchen Proteinen gibt es vielleicht nur zwei (Hämoglobin, Phosphorylase b, Triosephosphatdehydrogenase), andere hingegen haben mehrere Conformationszustände (Albumin). Diese sehr komplizierten Fragen stehen im Mittelpunkt der gegenwärtigen Erforschung der Proteinstruktur.

Der Zeitbedarf für Conformationsänderungen an verschiedenen Proteinen überstreicht mehrere Zehnerpotenzen, er liegt zwischen $1 \cdot 10^{-7}$ und $1 \cdot 10^{3}$ Sekunden. Die Proteinkonformation wird also in entscheidendem Maße von der Primärstruktur, aber auch von den Eigenschaften des Lösungsmittels und der in diesem gelösten Substanzen bestimmt. Zu ihrer Unterscheidung hat KLOTZ folgende Nomenklatur vorgeschlagen: *Autoplastische Effekte* an einem Proteinmolekül rühren von der Primärstruktur her, *alloplastische Effekte* drücken die Wirkungen des Lösungsmittels und seiner Bestandteile auf die Proteinconformation aus.

Gegenwärtig ist man darum bemüht, die Proteinconformation aus der Primärstruktur mit Hilfe von Computern zu berechnen. Diese Berechnungen beruhen auf den Eigenschaften niedrigmolekularer Verbindungen, wie Kohlenwasserstoffe, synthetischer Peptide und synthetischer Polypeptide und anderer Makromoleküle. Vielversprechende Erfolge wurden schon bei Oligopeptiden wie Vasopressin, Gramicidin G und Ribonuclease erzielt.

2.6 2.6. *Denaturierung*

Unter Denaturierung versteht man die Umwandlung eines biologisch aktiven, sog. nativen Proteins in eine Form, in der es seine natürlichen Eigenschaften, wie Löslichkeit, enzymatische Wirksamkeit usw. verloren bzw. stark verändert hat. Es kommt auch zu einer Veränderung anderer Parameter eines Proteins, wie Lichtstreuung, optische Rotationsdispersion, Infrarotabsorption, Reaktivität von Seitenketten, Deuterium-Austausch u. a. Die Denaturierung ist ein charakteristisches Merkmal von Polypeptiden und Eiweißen und wird nicht von Aminosäuren und niedrigmolekularen Peptiden gegeben. Damit liegt der Zusammenhang zwischen der Fähigkeit zur Denaturierung und dem größeren Molekulargewicht und feineren Bau der Moleküle auf der Hand. Bedeutsam für die Denaturierung ist, daß dabei keine Lösung der Peptidbindung und auch keine chemische Veränderung der Aminosäuren eintritt. Die Veränderungen, die bei Denaturierung eintreten, betreffen die höheren Struktur der Proteine.

Die denaturierenden Agenzien können in physikalische und chemische eingeteilt werden. Zu den physikalischen Faktoren gehören Hitze, Druck (über 5000 Atmosphären), Gefrieren, Oberflächenkräfte, Strahlung, Ultraschall. Zu den chemischen Agenzien gehören H^+-Ionen, OH^--Ionen, organische Lösungsmittel (Aceton, Alkohol), Harnstoff und Formamid. Diese Aufstellung zeigt die große Unterschiedlichkeit der denaturierenden Agenzien. Trotzdem ist es möglich, ihre Wirkungsweise unter vereinheitlichenden Gesichtspunkten zu betrachten. *Wasserstoffbindungen* lassen sich durch Harnstoff, Guanidin oder Formamid aufbrechen, da beide Substanzen die Fähigkeit besitzen, selbst Wasserstoffbindungen zu bilden. Bei bestimmten Harnstoffkonzentrationen ist es ohne Denaturierung auch möglich, Molekülaggregate, die durch Wasserstoffbrücken zusammengehalten werden, in kleinere Einheiten aufzuspalten. Die Wirkung höherer Temperaturen läßt sich darauf zurückführen, daß Wasser als Dipol die Fähigkeit hat, Wasserstoffbindungen zu spalten. In der Kälte ist diese Wirkung wesentlich geringer als die des Harnstoffs und des Formamids.

Auf die Sprengung *hydrophober Bindungen*, die sich zwischen hydrophoben Aminosäuren ausbilden, läßt sich die denaturierende Wirkung der organischen Lösungsmittel, wie Aceton und Alkohol, aber auch die durch Oberflächenkräfte hervorgerufene Denaturierung zurückführen. Merkwürdigerweise ist auch Harnstoff in der Lage, hydrophobe Wechselwirkungen zu schwächen.

Salzbindungen können durch H^+- und OH^--Ionen zerstört werden. Durch Veränderungen des Ionisationsgrades verschiedener funktioneller Gruppen werden tiefgreifende Veränderungen der Molekülstruktur erzeugt. Dabei treten größere individuelle Unterschiede in der Empfindlichkeit einzelner Proteine auf. So ist z. B. das niedrigmolekulare Cytochrom c säurestabil. Pepsin ist bei pH 1 im Gegensatz zu den meisten anderen Proteinen stabil, während es bei pH 6 sehr leicht denaturiert werden kann.

Unter bestimmten Umständen ist die Denaturierung reversibel. Im Falle des Serumalbumins sind Beziehungen zwischen der Menge und Verteilung von Disulfidbrücken und SH-Gruppen ermittelt worden. Beim Serumalbumin ist die Sprengung der Wasserstoffbindungen unter gewissen Umständen reversibel. Verdünnt man harnstoffdenaturiertes Serumalbumin mit Wasser, so kann man das native Protein zurückgewinnen. Gibt man zu harnstoffdenaturiertem Albumin *Cystein* hinzu, kommt es zu einer Spaltung der bestehenden Cystinbrücken und zu ihrer Neuverteilung. In diesem Fall ist die Denaturierung irreversibel. Es gibt auch Hinweise darauf, daß in einem Proteinmolekül nur einzelne Areale denaturiert werden können, und daß der verbleibende native Rest die Conformation des Moleküls weitgehend aufrechterhalten kann.

Einige denaturierte globuläre Proteine zeigen im Röntgendiagramm die Struktur von nahezu vollständig gestreckten Polypeptidketten. Bei der Denaturierung von zusammengesetzten Proteinen tritt eine Dissoziation in Subeinheiten und eine Umwandlung der einzelnen Ketten ein, die dann häufig als statistisches Knäuel vorliegen.

2.7. *Physikalische Chemie der Proteine*

2.7.1. *Elektrolytnatur*

Die Elektrolytnatur der Proteine wird durch das Vorhandensein ionisierbarer Gruppen mehrfunktioneller Aminosäuren verursacht, die in die Polypeptidkette eingebaut sind. Der Anteil der freien ionisierbaren Endgruppen der Peptidkette ist wegen der großen Länge der Proteinmoleküle sehr klein. Man unterscheidet zwischen sauren Gruppen (-COOH-Gruppe, Hydroxylgruppe von Tyrosin) und basischen Gruppen ($-NH_2$-Gruppe, Guanidinrest), die von den entsprechenden Aminosäuren wie Glutaminsäure, Asparaginsäure, Tyrosin, Lysin, Arginin, Histidin usw. stammen. Der Ionisationsgrad dieser Gruppen ist pH-abhängig, die sauren Gruppen liegen im Alkalischen, die basischen im Sauren in der Ionenform vor. In der Tabelle 9 sind die charakteristischen Dissoziationskonstanten als pK-Werte einiger ionisierbarer Gruppen der Proteinmoleküle zusammengestellt.

Tabelle 9:
Dissoziationskonstanten (in Form von pK-Werten) einiger in Proteinen vorkommender saurer und basischer Gruppen

Gruppe	pK 25 °C
α-Carboxyl	3,0 – 3,2
γ-Carboxyl (Asparaginsäure)	3,0 – 4,7
δ-Carboxyl (Glutaminsäure)	etwa 4,4
Phenolisches Hydroxyl (Tyrosin)	9,8 – 10,4
Sulfhydryl	9,1 – 10,8
Imidazol (Histidin)	5,6 – 7,0
Ammonium (α, Cystin)	6,5 – 8,5
Ammonium (ε-Lysin)	9,4 – 10,6
Guanidino (Arginin)	11,6 – 12,6

Bei definiertem pH-Wert bestimmen also Anzahl und Art der vorhandenen Gruppen den Ladungszustand eines Proteins. Der pH-Wert, an dem das Proteinmolekül die gleiche Anzahl positiver und negativer Ionengruppen trägt, heißt *isoelektrischer Punkt* (IP) des Proteins. Der IP der Proteine ist dadurch charakterisiert, daß an ihm 1. die Löslichkeit der Eiweiße ein Minimum erreicht und 2. die Eiweiße im elektrischen Gleichspannungsfeld keine Wanderung zeigen.

In der Tabelle 10 sind die isoelektrischen Punkte einiger Proteine zusammengestellt. Man erkennt, daß bei einer Reihe von Proteinen ein geringes pH-Intervall angegeben ist. Der IP ist u. a. von der Ionenstärke des Lösungsmittels abhängig.

Tabelle 10:
Isoelektrische Punkte verschiedener Proteine

	IP	Ionenstärke
Eieralbumin	4,59	0,1
Serumalbumin	4,7 – 4,9	0,02
β-Lactoglobulin	5,1 – 5,3	0,1
γ_1-Globulin (Human)	5,8	0,1
γ_2-Globulin (Human)	7,3	0,1
Collagen	6,6 – 6,8	–
α-Casein	4,0 – 4,1	0,1
Lysozym	11,0 – 11,2	0,02
Hämoglobin (Human)	7,07	–
Hämoglobin (Huhn)	7,23	–
Hämoglobin (Pferd)	6,92	–

Entfernt man sich vom IP durch Zugabe von Wasserstoffionen in Richtung niedriger pH-Werte, so liegt das Protein als Kation infolge Zurückdrängung der Carboxylgruppendissoziation vor.

Erhöht man den pH-Wert durch Zugabe von Lauge, tritt im Proteinmolekül ein Überschuß an negativen Ladungen auf, so daß ein Anion vorliegt. Trägt man die gemessenen pH-Werte in Abhängigkeit von der zugegebenen H^+- oder OH^--Ionenmenge auf, so erhält man die Titrationskurve eines Proteins. Die Abbildung 16 zeigt, daß bei der Titration verschiedene Pufferbereiche durchlaufen werden. Diese sind auf die Pufferwirkung der unterschiedlich dissoziierenden Gruppen des Proteins zurückzuführen.

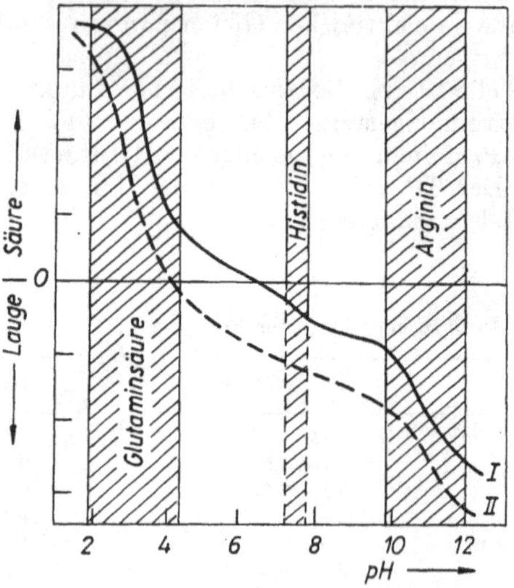

Abb. 16: Titrationskurven von Hämoglobin (I) und Serumalbumin (II). Schraffierte Linien: Pufferbereiche der Proteine

Der pK-Wert der entsprechenden Gruppen (Tab. 9) drückt den pH-Wert maximaler Pufferung aus. Die Pufferkapazität der Proteine wird durch die Anzahl der vorhandenen ionisierbaren Gruppen bestimmt.

Zur Illustration seien die Titrationskurven des Serumalbumins und des Hämoglobins miteinander verglichen (Abb. 16). Während im sauren und alkalischen Bereich keine wesentlichen Unterschiede in der Pufferung zwischen beiden Proteinen ersichtlich sind, treten bei etwa pH 7 Unterschiede zutage. Diese sind darauf zurückzuführen, daß bei etwa gleichen Molekulargewichten der beiden Proteine im Hämoglobin etwa 40 Histidinreste, im Serumalbumin hingegen nur 16 Histidinreste pro Molekül enthalten sind. Die Pufferung des Hämoglobins im neutralen Bereich hat eine große physiologische Bedeutung beim CO_2-Transport und im Säure-Basen-Haushalt des Organismus.

2.7.2. Elektrophorese

Unter Elektrophorese versteht man die Wanderung von geladenen Teilchen im elektrischen Gleichstromfeld. Die Wanderungsgeschwindigkeit hängt bei gegebener Spannung von der Ladung der Teilchen ab, wobei diese wiederum durch die spezifische Zusammensetzung des Proteinmoleküls aus sauren und basischen Aminosäuren und durch den pH-Wert festgelegt wird. Einen weiteren Einfluß auf die Wanderungsgeschwindigkeit haben hydrodynamische Eigenschaften der Moleküle. Bei einem vorgewählten pH-Wert können Proteine sowohl durch ihre unterschiedliche Ladung als auch durch ihren unterschiedlichen Reibungswiderstand verschiedene Wanderungsgeschwindigkeiten haben.

Die resultierende elektrophoretische Beweglichkeit u (Wanderungsgeschwindigkeit/Feldstärke) ist unter Berücksichtigung des Einflusses der Ionenstärke im Gültigkeitsbereich der DEBYE-HÜCKELschen Theorie wie folgt definiert:

$$u = \frac{Q}{6\pi\eta r\,(1 + Kr)}\,\mathrm{f}(Kr)$$

Q = Netzladung des Proteins; r = Radius des Teilchens; η = Viskosität des Lösungsmittels; K = Radius der das Teilchen umgebenden Ionenwolke.

Die Funktion $f(Kr)$ nähert sich bei hohen Ionenkonzentrationen dem Wert $^3/_2$ und bei niedrigen Ionenstärken dem Wert 1.

Eine weitere Erscheinung, die die Wanderung von elektrisch geladenen Teilchen während der Elektrophorese beeinflussen kann, ist die Elektroosmose. Man versteht darunter die Bewegung der Pufferflüssigkeit infolge elektrischer Aufladung in eine bestimmte Richtung beim Anlegen eines elektrischen Feldes. Die Wanderung des Puffers wird durch die Ausbildung eines sogenannten ζ-Potentials zwischen mobiler Phase und stationärer Phase (Trägermaterial der Elektrophorese) verursacht. Bei schwach alkalischen pH-Werten des Puffers beobachtet man im allgemeinen eine Flüssigkeitsbewegung zur Kathode hin, während die meisten Proteine hier anodisch wandern.

Die Elektroosmose kann z. B. so stark sein, daß negativ geladene Teilchen mit großem Reibungswiderstand durch die Strömung des Wassers in Richtung Kathode

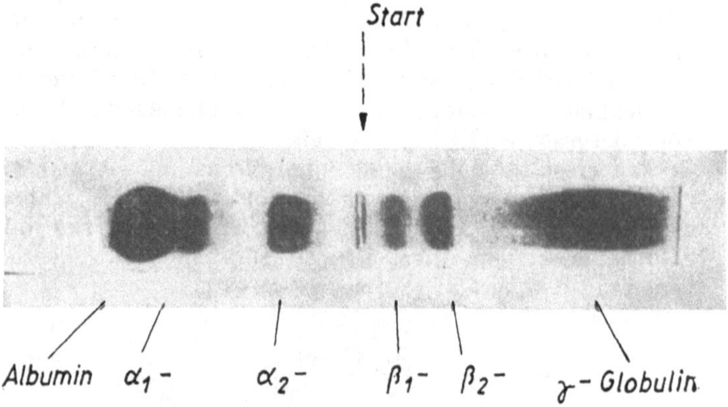

Abb. 17: Auftrennung eines Plasmaproteingemisches durch Agargelelektrophorese

gedrängt werden. Das kann unter Umständen zu einer Verstärkung der Auftrennung von Proteingemischen führen (s. Abb. 17).

Proteine, die nicht wandern, sind entweder äußerlich elektrisch neutral, liegen also am isoelektrischen Punkt vor, oder die Beweglichkeiten durch Elektroosmose und Elektrophorese heben sich auf. Die Elektrophorese besitzt heute große analytische und präparative Bedeutung. Sie findet Anwendung bei der Auftrennung von Plasmaproteinen und Isoenzymen und leistet wertvolle Dienste bei der Reinheitsprüfung von Eiweißstoffen. Hinsichtlich der Methoden unterscheidet man eine trägerfreie Elektrophorese (s. Abb. 18), von einer Elektrophorese, die auf einem bestimmten Träger (Papier, Stärke, Agargel, Celluloseacetat, künstl. Polymere) (Abb. 17, 20) durchgeführt wird. Die Trägerelektrophorese wird auch als Zonenelektrophorese bezeichnet. Während mittels der freien Elektrophorese nur eine teilweise Trennung der

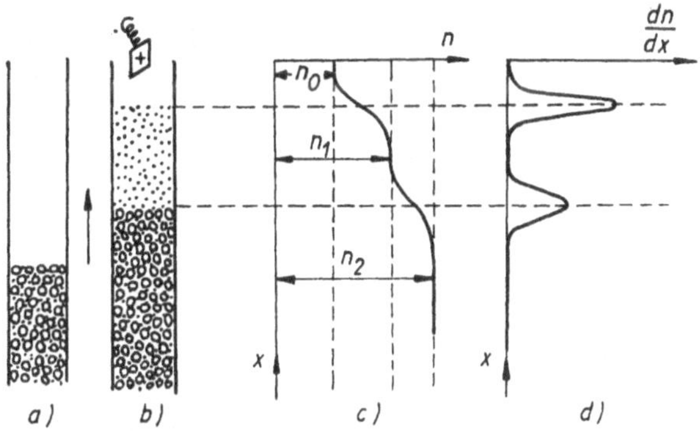

Abb. 18: Trennung zweier Komponenten bei der Elektrophorese (nach LEUTHARDT)
A) Beginn der Wanderung
B) Ende der Wanderung
C) Verlauf des Brechungsindex nach Beendigung der Wanderung
D) Verlauf des Indexgradienten in der Wanderungsrichtung

Fraktionen erreicht wird, läßt sich durch die Zonenelektrophorese die Trennung einer Proteinmischung in diskrete Banden erzielen.

Zwei besondere Formen der zuletzt genannten Methode sind die Immunoelektrophorese und die Disk-Elektrophorese. Erstere wird auf Agarplatten zunächst als normale Zonenelektrophorese durchgeführt. Nach der Trennung wird senkrecht zur Wanderungsrichtung der Proteine ein Antiserum aufgetragen. Infolge Diffusion entstehen an den einzelnen Proteinzonen typische Präzipitationsbanden. Bei der Disk-Elektrophorese wird als Trägermaterial Polyacrylamid verwendet. Durch Variation des Polymerisationsgrades kann die Porengröße des polymeren Trägers festgelegt werden. Dadurch ist es möglich, neben der elektrophoretischen Trennung eine Proteintrennung durch den sogenannten Molekülsiebeffekt (s. u.) zu erreichen. Häufig wird diese Methode unter Verwendung eines diskontinuierlichen pH-Gradienten und von unterschiedlichen Polymerisationszonen durchgeführt.

Mit der für präparative Zwecke entwickelten Ablenkungselektrophorese können infolge kontinuierlicher, konstanter Auftragung von Proteingemischen größere Mengen gereinigter Eiweißstoffe gewonnen werden.

2.7.3. Proteintrennung durch Molekülsiebe

Neben der Proteintrennung durch Ladungsunterschiede werden seit einigen Jahren vernetzte Dextrangele (Sephadex-Gele) in steigendem Maße benutzt, die Eiweißstoffe auf Grund ihrer unterschiedlichen Größe trennen können. Das Prinzip der Methode ist in der Abbildung 19 dargestellt. In einer Säulenpackung aus wassergequollenen Sephadexkörnern ist für kleine Moleküle der gesamte Lösungsmittelraum zugänglich, demzufolge wandern die kleinen Moleküle auch durch die Poren des vernetzten Gels. Bei einer entsprechend vorgewählten Porengröße innerhalb des Gels können größere Moleküle nicht durch das Gel wandern, sondern bewegen sich nur in den Zwischenräumen der Packung und verlassen beim Durchfließen die Säule zuerst. Durch Variation der Porengröße der

Gelkörner lassen sich Fraktionierungsbereiche von Molekulargewichten von wenigen 100 bis zu mehreren Millionen erreichen.

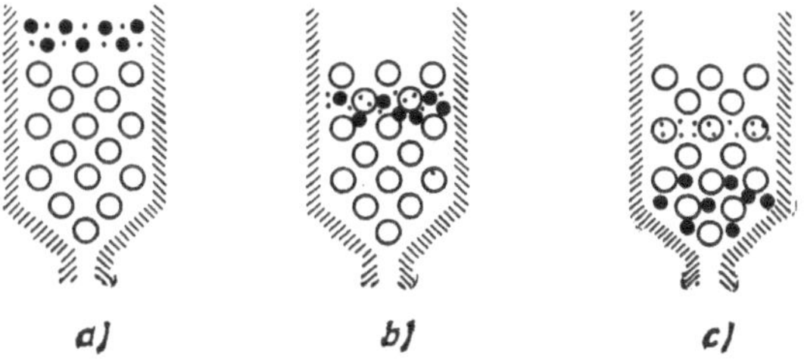

Abb. 19: Proteintrennung durch Molekülsiebfiltration

Die Methode der Gelchromatographie hat zunehmende Bedeutung erlangt, und sie wird auch in Kombination mit anderen chromatographischen und elektrophoretischen Verfahren zur Proteintrennung angewendet.

2.7.4. Proteine als polare Kolloide, Löslichkeit

Die Löslichkeit von Proteinen in Wasser oder wäßrigen Lösungen ist unterschiedlich. Ein großer Teil der strukturbildenden Eiweißkörper, die sogenannten fibrillären Proteine, ist überhaupt nicht löslich, sondern quillt nur im Wasser auf, wobei die aufgenommene Wassermenge ein Mehrfaches des Eigengewichtes betragen kann. Die im Wasser gelösten Proteine sind auf Grund ihrer Aggregationsneigung häufig kolloiddisperse Systeme. Sie zeigen den Tyndall-Effekt (s. u.). Infolge Anwesenheit hydrophiler Gruppen sind die Proteinmoleküle von einer großen Hydratationshülle umgeben und fallen demzufolge nicht aus. Die Fähigkeit der Proteine, im wäßrigen System in bestimmten räumlichen Strukturen vorzuliegen (Sekundär- und Tertiärstruktur), wird durch verschiedene inter- und intramolekulare Bindungsaffinitäten hervorgerufen (S. 93).

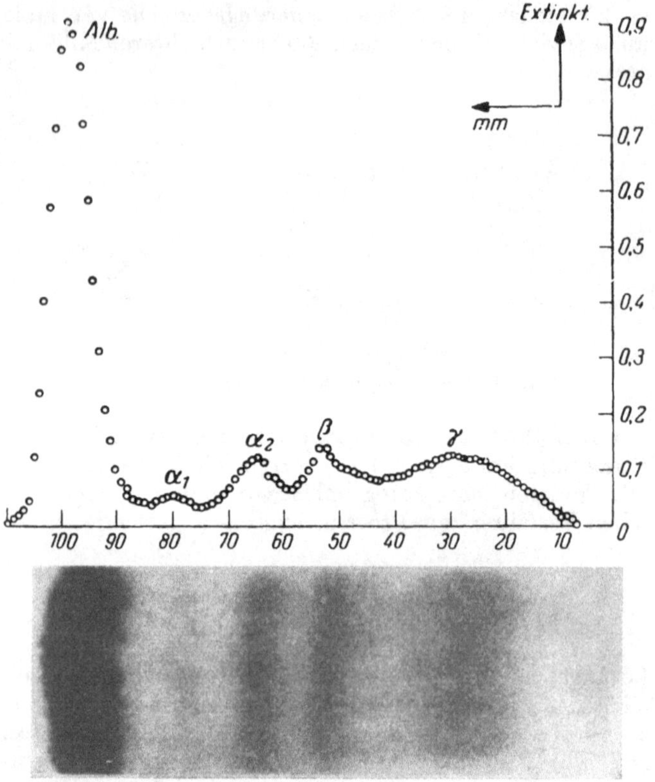

Abb. 20: Papierelektropherogramm eines Normalserums (angefärbter Streifen unten) und graphische Darstellung einer photometrischen Auswertung (oben). (Aus HOPPE-SEYLER-THIERFELDER, Handbuch der physiologisch- und pathologisch-chemischen Analyse, 10. Auflage, 4. Band, I. Teil, S. 181, Springer-Verlag 1960)

Die Löslichkeit der Proteine in wäßriger Lösung hängt vom pH-Wert und der Salzkonzentration ab. Besonders bedeutsam ist, daß manche Proteine (Globuline) in reinem Wasser unlöslich sind und bei Zugabe geringer Neutralsalzmengen in Lösung gehen (Einsalzung). Bei Erhöhung der Neutralsalzkonzentration werden die Proteine ausgefällt (Aussalzung). Die Wirkung der Neutralsalzlösung auf die Ein- oder Aussalzung hängt nicht direkt von der Konzentration, sondern von der Ionenstärke ($I = {}^1/_2 \sum c \cdot w^2$) ab ($c$ = Konzentration Mol/l, w = Wertigkeit). Die

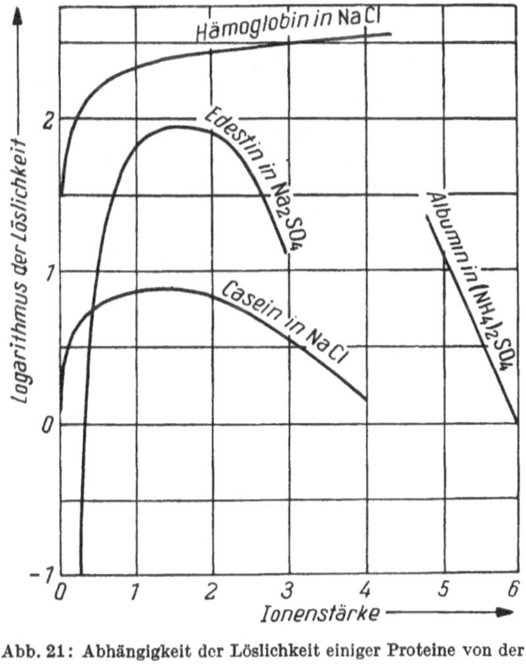

Abb. 21: Abhängigkeit der Löslichkeit einiger Proteine von der Ionenstärke

Abbildung 21 zeigt die Löslichkeit einiger Proteine in Abhängigkeit von der Ionenstärke.

Entscheidend für die Löslichkeit von Eiweißstoffen ist die Aufhebung der intermolekularen Kräfte, die auf Grund unterschiedlicher elektrostatischer Ladungsschwerpunkte zwischen den einzelnen Molekülen wirksam sind und sie zu einem Molekülaggregat zusammenhalten. Diese

Kräfte können durch das Dipolmoment $\mu = e \cdot l$ (e = elektrostatische Ladung, l = Ladungsabstand) ausgedrückt werden. Proteine mit hohem Dipolmoment lösen sich schwerer als solche mit kleinerem Dipolmoment.

2.7.5. Ursache der Einsalzung

Die infolge eines hohen Dipolmomentes aggregierten Proteinmoleküle können durch Wasser nicht gespalten werden, da die elektrostatischen Kräfte der Proteindipole durch das Dipolmoment des Wassers nicht aufgehoben werden. Zugabe geringer Mengen Neutralsalze erhöht die Löslichkeit deshalb, weil die Ionen mit umgekehrter Ladung sich an die Ladungsschwerpunkte der Proteine anlagern und sie gewissermaßen abschirmen. Dadurch wird ein Auseinandersprengen der Molekülaggregate erreicht.

2.7.6. Ursache der Aussalzung

Bei höherer Ionenstärke der Neutralsalze kommt es zu einer Konkurrenz der in der Lösung befindlichen Teilchen um das Wasser. Das führt zu einer Verarmung der Hydratationshülle des Proteins, die Dipolkräfte zwischen den Eiweißmolekülen bewirken wieder gegenseitige Anziehung, und das Proteinaggregat fällt aus.

Proteine mit einem hohen Dipolmoment (Globuline, Myosin) werden bei geringeren Neutralsalzkonzentrationen, verglichen mit Molekülen mit niedrigerem Dipolmoment (Albumin), ausgefällt. Auf der unterschiedlichen Löslichkeit von Eiweißstoffen bei verschiedenen Neutralsalzkonzentrationen und verschiedenen pH-Werten beruht die Möglichkeit, reine Proteine aus Proteinmischungen herzustellen. Das spielt vor allen Dingen bei der Reinigung von Enzymen aus Gewebs- und Organextrakten eine bedeutende Rolle.

2.7.7. Optisches Verhalten

Alle Proteinlösungen sind optisch aktiv. Diese Eigenschaft wird 1. durch die asymmetrischen Kohlenstoffatome der am Aufbau der Polypeptidkette beteiligten Aminosäuren (mit Ausnahme des Glycins) und 2. durch die spezifische Helixanordnung der Proteinketten hervorgerufen. Es ist also möglich, ein reines Protein durch seinen entsprechenden spezifischen Drehungswinkel zu charakterisieren. Die Drehung der Ebene des polarisierten Lichtes von Proteinlösungen ist pH-abhängig, im Bereich des IP des betreffenden Proteins ist sie jedoch nahezu konstant. Hervorzuheben ist, daß alle Eiweißlösungen das polarisierte Licht nach links drehen; bei Globulärproteinen liegt der spezifische Drehwinkel zwischen -30 bis $-60°$. Denaturierungen bewirken eine Veränderung der spezifischen Drehung der Proteine. Die Änderung der optischen Drehung mit der Wellenlänge des eingestrahlten polarisierten Lichtes (Rotationsdispersion) wird heute für die Untersuchungen von räumlichen Strukturen und für die Änderung der Helixstruktur von Proteinen herangezogen (s. S. 69).

Ein charakteristisches Merkmal der Proteinlösungen ist die Opaleszenz. Ursache dieser Lichtstreuung, die bei allen kolloiddispersen Systemen auftritt, ist die Beugung des einfallenden Lichtes beim Durchtritt durch Medien mit unterschiedlichen Brechungsindizes (Wasser-Protein). Die Beugungstrübung ist die Ursache des TYNDALL-Effektes, ein Phänomen, welches den Strahlengang des durch die Lösung hindurchtretenden Lichtes bei senkrechter Betrachtung zum einfallenden Lichtstrahl sichtbar macht. Dabei wird das Licht polarisiert. Durch die seitliche Ausstrahlung wird die Intensität des einfallenden Lichtes geschwächt, und zwar nach einer e-Funktion.

$$I = I_0 \cdot e^{-\tau \cdot x}.$$

Der Trübungskoeffizient τ ist im Bereich der RAYLEIGH-

Streuung (Teilchendurchmesser $<\lambda/15$) eine Funktion des Molekulargewichtes.

$$\tau = \frac{32\pi^3 n_0^2 \left(\frac{n - n_0}{c}\right)^2}{3N\,\lambda^4} C \cdot M$$

λ = Wellenlänge des Lichtes
n_0, n = Brechungsindizes für Lösung und Lösungsmittel
N = Loschmidtsche Zahl

Die Rayleigh-Streuung trifft für die meisten Proteine zu. Die Streulichtintensität ist bei senkrechter Polarisation des Streulichtes zur Einfallsebene unabhängig vom Beobachtungswinkel.

Größere Partikel, deren Abmessung im Bereich der Wellenlänge des Lichtes liegen, gehorchen komplizierteren Abhängigkeiten, weil hier innermolekulare Interferenzeffekte der Streustrahlung auftreten (Mie-Effekt). Aus der Winkelverteilung der Streustrahlung bei größeren Molekülen lassen sich Aussagen über die Größe und räumliche Anordnung der Moleküle machen. Man kann deshalb Streulichtmessungen für die Bestimmung von Molekulargewichten und Molekülaggregationen von Proteinen heranziehen.

Fällt durch Proteinlösungen ultraviolettes Licht, zeigen sie im Bereich von 250 bis 300 nm charakteristische Absorptionsbanden, die vor allem durch die aromatischen Aminosäuren (Phenylalanin, Tyrosin, Tryptophan) hervorgerufen werden. Die Messung der Lichtabsorption bei 260 nm und 280 nm kann zur quantitativen Bestimmung von Proteinen in Lösungen herangezogen werden.

2.7.8. Bestimmung des Molekulargewichtes

Molekulargewichte können nur von gelösten Proteinen bestimmt werden. Wegen des hohen Molekulargewichtes und der beschränkten Löslichkeit in Wasser sind die molaren Konzentrationen sehr klein. Aus diesem Grund scheiden ebullioskopische und kryoskopische Methoden zur Molekulargewichtsermittlung aus, da die zu erwartenden Meßdaten nicht mit ausreichender Genauigkeit erfaßt werden können. Die erstere Methode läßt sich auch wegen der Hitzedenaturierung nicht durchführen. Leistungsfähiger ist die Methode der Bestimmung des osmotischen Druckes von Proteinlösungen. Der hohe molare osmotische Druck von 22,4 atm unter Normalbedingungen liefert selbst bei kleinen Eiweißkonzentrationen gut meßbare Werte.

Beispiel: Eine 1%ige Eieralbuminlösung (MG 44000) ergibt in Wasser eine Gefrierpunktsdepression von 0,0005°, ihr osmotischer Druck aber entspricht einer Wassersäule von 50 mm.

Osmotische Molekulargewichtsbestimmungen erfordern reine Proteine (bei Proteinmischungen erhält man mittlere Molekulargewichte). Weiterhin müssen die gemessenen Drucke infolge der DONNAN-Verteilung der frei diffusiblen Ionen korrigiert werden (LOEB, DONNAN-Korrektur). Auf Grund der Konzentrationsabhängigkeit des osmotischen Druckes, der schon bei relativ niedrigen Proteinkonzentrationen nicht mehr dem VAN'T HOFFschen Gesetz folgt (s. Abb. 22), müssen die bei verschiedenen Konzentrationen gemessenen Drucke auf unendliche Verdünnung extrapoliert werden.

Die unter Berücksichtigung der Wechselwirkungen zwischen den Proteinen gültige Gleichung als Reihenentwicklung lautet:

$$\pi = \frac{cRT}{M} + Bc^2 + \cdots,$$

wobei π der osmotische Druck, c = Konzentration, M = Molekülgewicht und B ein Koeffizient ist, der von der Gestalt und der Wechselwirkung der gelösten Moleküle abhängt.

Eine andere Methode der Molekulargewichtsermittlung ergibt sich aus der Bestimmung spezifischer Gruppen, die im definierten Verhältnis pro Mol Protein gebunden sind. So kann man auf Grund des konstanten Eisengehaltes im Hämoglobin das Molekulargewicht des Globinanteils berechnen.

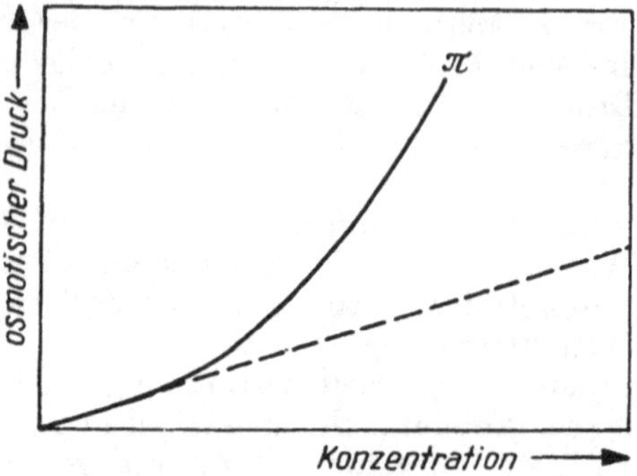

Abb. 22: Konzentrationsabhängigkeit des osmotischen Druckes von Proteinlösungen.
Gestrichelte Kurve: Ideales Verhalten (VAN'T HOFF)

Beispiel: Hämoglobin enthält 0,335% Fe, das entspricht pro Mol Fe einem Proteinmolekulargewicht von 16250. Da bekannt ist, daß 1 Mol Hämoglobin 4 Eisenatome enthält, ergibt sich daraus das Molekulargewicht von 65000.

2.7.8.1. Ultrazentrifuge

Eine recht genaue Messung des Molekulargewichtes von Proteinen gelingt mit der von SVEDBERG entwickelten Methode der analytischen Ultrazentrifugation. Das Prinzip der Methode besteht darin, daß man die in einer Lösung zunächst homogen verteilten Proteinmoleküle durch große Zentrifugalkräfte (mehrere 100000 g) zur vollständigen oder partiellen Sedimentation zwingt. Dadurch entstehen Konzentrationsverteilungen, die bei molekular einheitlichen Stoffen scharfe Grenzlinien ausbilden. Man kann nun mit Hilfe verschiedener optischer Methoden (Schlieren-, Interferenz-, UV-Absorptionsoptik) (Abb. 23) die Wanderung dieser Grenzlinien in Abhängigkeit von der Zeit während des Zentrifugenlaufes beobachten und daraus Daten für die Molekulargewichtsbestimmungen erhalten.

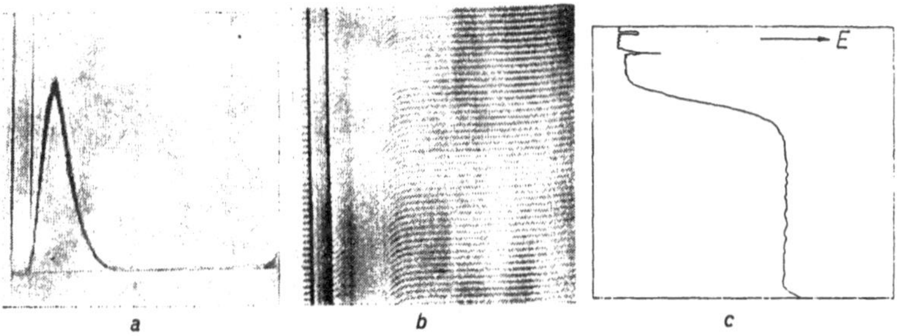

Abb. 23: Aufnahme einer Proteinsedimentation mit der A. Schlierenoptik, B. Interferenzoptik, C. UV-Absorptionsoptik

Im Prinzip werden heute 3 Verfahren zur Molekulargewichtsbestimmung angewendet. 1. Molekulargewichtsbestimmung aus der Sedimentationsgeschwindigkeit, 2. Molekulargewichtsbestimmung aus dem Sedimentationsgleichgewicht, 3. Molekulargewichtsbestimmung aus dem angenäherten Gleichgewicht (ARCHIBALD-Verfahren).

2.7.8.1.1. Sedimentationsgeschwindigkeit

Der auf 1 Mol Teilchen einwirkenden Sedimentationskraft K ($K = M(1 - \varrho V)\omega^2 r$) wirkt die Reibungskraft R entgegen. Im Zustand gleichförmiger Bewegung der Teilchen ist $K = R$. Die Reibungskraft R ist der

Bewegung der Teilchen proportional $\left(R = f \cdot \frac{dr}{dt}\right)$.
Daraus folgt: $f \frac{dr}{dt} = M\,(1 - V\varrho)\,\omega^2 r$.

Für f gilt für verdünnte Lösungen nach Einstein:

$$f = \frac{RT}{D}.$$

Durch Einsetzen und Umstellen der Gleichung erhält man für das Molekulargewicht

$$M = \frac{RT \cdot \frac{dr}{dt}}{D\,(1 - V\varrho)\,\omega^2 r}$$

M = Molekulargewicht der Substanz
ϱ = Dichte der Lösung
V = partielles spezifisches Volumen
ω = Winkelgeschwindigkeit
r = Radialabstand vom Rotationszentrum
R = Gaskonstante
D = Diffusionskonstante
T = absolute Temperatur

Der Ausdruck $\frac{\frac{dr}{dt}}{\omega^2 r}$ ist unter bestimmten Bedingungen ein konstanter Wert und wird Sedimentationskonstante S genannt. S hat die Dimension (sec) und wird in Svedberg-Einheiten gemessen; 1 Svedberg-Einheit, $1\,S = 10^{-13}$ sec.
Damit vereinfacht sich die Gleichung zu:

$$M = \frac{RT\,S}{D\,(1 - V\varrho)}$$

Die Ermittlung des Molekulargewichtes nach dieser Methode erfordert also neben der Bestimmung von S die Kenntnis von D und V. Häufig genügen relative Vergleiche der Größe von Molekülen. Diese Relationen können durch die Größe S ausgedrückt werden. In der Tabelle 11 sind Molekulargewichte und Sedimentationskonstanten für einige Proteine zusammengestellt.

Tabelle 11:
Sedimentationskonstanten (S_{20}) und durch Sedimentationsgeschwindigkeit ermittelte Molekulargewichte ($M_{s,D}$) einiger Proteine (nach EDSALL)

Protein	S_{20}	$M_{s,D} \cdot 10^{-3}$
Cytochrom c	1,9	15,6
Myoglobin	2,04	16,9
Insulin	1,2	6,3
Hämoglobin (Mensch)	4,46	63
Hexokinase	3,1	96,6
Hämocyanin	103	8900
Tabakmosaikvirus	174	59000

S_{20} = SVEDBERG-Einheiten bei 20 °C

2.7.8.1.2. *Sedimentationsgleichgewicht*

Bei dieser Methode stellt man die Umdrehungszahl der Zentrifuge so ein, daß die Teilchen nicht zu Boden sedimentieren, sondern an einem bestimmten Punkt innerhalb der Meßzelle verbleiben. Es entsteht ein konstantes Konzentrationsgefälle durch die ganze Zelle. Dieses stellt sich durch das Gleichgewicht zwischen der Zentrifugalkraft, welche die Teilchen zur Sedimentation zwingen möchte und der Diffusionskraft ein, die bestrebt ist, eine Konzentrationsgleichverteilung zu erreichen. Ein solcher Zustand ist dadurch charakterisiert, daß in der Zelle die Substanzmenge ds, die in der Zeit dt durch Sedimentation eine Flächeneinheit passiert, gleich der

Substanzmenge ds ist, die infolge Diffusion die Flächeneinheit in entgegengesetzter Richtung durchwandert.

Daraus folgt:

$$ds = c\omega^2 r M (1 - V\varrho) \frac{1}{f} \cdot dt \qquad \text{(Sedimentation)}$$

$$ds = -D \frac{dc}{dr} dt \qquad \text{(Diffusion)}$$

Durch Gleichsetzen und Integration zwischen Rotationsabstand r_1 und r_2 erhält man:

$$M = \frac{2RT \ln c_2/c_1}{(1 - V\varrho)\, \omega^2 (r_2^2 - r_1^2)}$$

c_2 und c_1 sind zwei Konzentrationen im Abstand r_2 und r_1 vom Rotationszentrum.

Die Bestimmung von M nach der Gleichgewichtsmethode erfordert allgemein lange Einstellzeiten (mehrere Tage), wobei sehr hohe Forderungen an Konstanz der Umdrehungsgeschwindigkeit und Temperatur gestellt werden. Andererseits ist aber die Kenntnis von D nicht erforderlich. In neuerer Zeit hat diese Methode wieder an Bedeutung zugenommen, da verschiedene Verfahren bei kleinen Füllhöhen (Holde, Baldwin) entwickelt wurden, die die Einstellzeit des Gleichgewichtes auf wenige Stunden verkürzen.

2.7.8.1.3. Angenähertes Gleichgewicht

Das Verfahren von Archibald verbindet die Vorteile der Gleichgewichtsmethode mit dem geringeren Zeitbedarf des Sedimentationsgeschwindigkeitsverfahrens. Es beruht auf der einfachen Überlegung, daß zu jeder beliebigen Zeit am Meniscus und Boden der Ultrazentrifugenzelle die Bedingungen des Sedimentationsgleichgewichtes herrschen müssen, weil an diesen Stellen weder etwas heraussedimentieren noch hineindiffundieren kann.

Von dieser Tatsache ausgehend läßt sich folgende Gleichung für die Molekulargewichtsbestimmung aufstellen:

$$M = \frac{R \cdot T \cdot \delta_m}{(1 - V\varrho)\,\omega^2} = \frac{RT \cdot \delta_b}{(1 - V\varrho)\,\omega^2}$$

$$\delta_b = \frac{(\partial c/\partial r)_b}{(b \cdot r_b)}; \quad \delta_m = \frac{(\partial i/\partial r)_m}{c_m \cdot r_m}$$

Die für die Größe δ am Meniscus (m) und Boden (b) benötigten Konzentrationsgradienten $\partial c/\partial r$ und die Konzentrationen c_m und c_p sind experimentell zugänglich und bei bekanntem partiellem spezifischem Volumen V kann M berechnet werden.

2.7.8.2. Molekulargewichtsmittelwerte, Submoleküle und Molekülaggregate

Die geschilderten Methoden zur Molekulargewichtsbestimmung sind nur dann exakt vergleichbar, wenn man Untersuchungen in binären Systemen durchführt, d. h. für molekular einheitliche Substanzen in einem reinen Lösungsmittel. In den meisten Fällen sind diese Bedingungen nicht erfüllt, es lassen sich daher nur Durchschnittsmolekulargewichte bestimmen. Vergleiche von Molekulargewichten, selbst bei reinen Stoffen, welche unter verschiedenen Bedingungen (z. B. osmotische Methoden in Säure, Alkali, Wasser oder Harnstoff, Ultrazentrifuge) ermittelt wurden, ergaben, daß die einzelnen Methoden nicht immer die gleichen Resultate lieferten. Der Grund dafür ist, daß eine Reihe Proteine in Lösungen Assoziate bilden oder in Untereinheiten zerfallen, die bei den verschiedenen Bedingungen der Molekulargewichtsbestimmung zu unterschiedlichen Ergebnissen führen (s. S. 88ff.).

Zum Beispiel wurde für das kleinste Teilchengewicht des Insulins ein Wert von ~6000 gefunden. Wie Strukturuntersuchungen zeigten, besteht diese Einheit aus 2 Polypeptidketten, die über Disulfidbrücken verbunden sind (S. 49). Messungen des Molekulargewichtes von Insulin auf osmotischem Wege in saurer Lösung ergaben einen Wert von ~12000. Diese Teilchengröße ist also durch Assoziierung von 2 Untereinheiten mit je einem Molekulargewicht von 6000 gebildet worden. Strukturuntersuchungen ergaben, daß sich dabei 2 Doppelketten unter Beteiligung von Ionen (z. B. Zink) zusammenlagern. Osmotische Molekulargewichtsbestimmungen in Wasser und Ultrazentrifugation lieferten unter verschiedenen Verhältnissen Werte, die das 3- und 4fache von 12000 betrugen. Diese hohen Molekulargewichte werden durch weitere Aggregation einer Teilcheneinheit von 12000 hervorgerufen. Da der Assoziationsgrad von verschiedenen Bedingungen, wie pH-Wert, Verdünnung, Ionenaktivität usw., abhängt, sind die unterschiedlichen Ergebnisse je nach angewandter Methode verständlich. Man ist daher oft gezwungen, Molekulargewichtsmittelwerte anzugeben und unterscheidet nach der angewandten Methode, Zahlen-, Gewichts- und Z-Durchschnittsmolekulargewichte (M_n, M_w, M_z). Den Zahlendurchschnitt M_n erhält man bei Messungen des osmotischen Druckes und der kolligativen Eigenschaften. Er ist der kleinste Molekulargewichtsmittelwert. M_w und M_z erhält man aus Gleichgewichtsmessungen mit der analytischen Ultrazentrifuge. Das nach der Sedimentationsgeschwindigkeit erhaltene Molekulargewicht $M_{S,D}$ ist bei polydispersen Substanzen etwas kleiner als das Gewichtsmittel, aber dennoch wesentlich größer als das Zahlenmittel. Bei einem aus i Komponenten bestehenden Gemisch sind die einzelnen Mittelwerte wie folgt definiert:

$$M_n = \frac{\sum n_i M_i}{\sum n_i}; \quad M_w = \frac{\sum n_i \cdot M_i^2}{\sum n_i \cdot M_i}; \quad M_z = \frac{\sum n_i \cdot M_i^3}{\sum n_i \cdot M_i^2}$$

Ein weiterer Fehler kann durch die Konzentrationsabhängigkeit der Molekulargewichtsbestimmung auftreten. Für exakte Messungen wird daher das gemessene Molekulargewicht M_{app} bei verschiedenen Konzentrationen bestimmt und M für $c \to 0$ graphisch extrapoliert. Die Erscheinungen der Assoziation und Dissoziation von Proteinuntereinheiten werfen das Problem der Definition eines Proteinmoleküls auf. Es erscheint sinnvoll, die kleinste physiologisch wirksame Einheit eines Eiweißkörpers als das eigentliche Proteinmolekül anzusehen.

2.7.9. Bestimmung der Molekülgestalt

Die Proteine werden hinsichtlich ihrer Gestalt in globuläre und fibrilläre Eiweißstoffe eingeteilt. Zu den letzteren zählen einige nicht in Wasser oder Salzlösungen lösliche Proteine. Man bezeichnet sie auch als Skleroproteine. Die in wäßrigen Systemen löslichen globulären Proteine bilden durch die intramolekular vorliegenden Bindungen ganz bestimmte Formen aus, die in ihrem hydrodynamischen Verhalten mit rotationssymmetrischen Figuren zu vergleichen sind (Sphäroproteine). Die Gestalt der Moleküle kann durch verschiedene Einflüsse, wie pH, Ionenstärke, Temperatur, verändert werden. Bei irreversiblen Denaturierungen werden die ursprünglichen Molekülformen vollständig zerstört. Für die Bestimmung der Molekülgestalt sind Viskositätsmessungen, Messungen der Sedimentations- und Diffusionsgeschwindigkeit, Messung der Strömungsdoppelbrechung oder dielektrischen Dispersion von Proteinlösungen geeignet.

Bei bekanntem Molekulargewicht läßt sich der molare Reibungskoeffizient f aus Sedimentations- oder Diffusionsmessungen nach folgenden Beziehungen ermitteln:

$$f = \frac{M(1 - V\varrho)}{S}; \quad f = \frac{RT}{D}$$

Der dieser Masse entsprechende Reibungskoeffizient eines kugelförmigen Partikels ist durch folgende Beziehung gegeben:

$$f_0 = 6\pi\eta N \left(\frac{3VM}{4\pi N}\right)^{1/3}$$

N = Loschmidtsche Zahl

Das Verhältnis f/f_0, der sog. Reibungsquotient ist ein experimentell bestimmbarer Ausdruck für die Abweichung des Partikels von der Kugelgestalt; er ergibt sich wie folgt:

$$f/f_0 = 10^{-8} \frac{(1 - V\varrho)}{D_{20}^2 \cdot S_{20} \cdot V}$$

Aus dem Quotient läßt sich das Achsenverhältnis a/b des Rotationskörpers ermitteln. Die Abbildung 24 zeigt eine solche graphische Abhängigkeit.

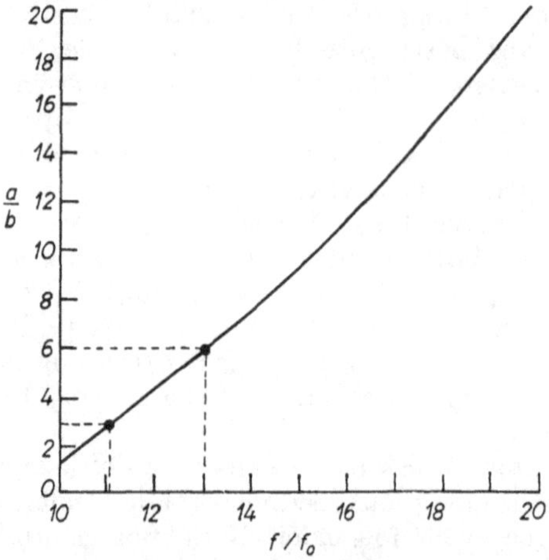

Abb. 24: Beziehung zwischen dem Achsenverhältnis a/b und dem Reibungsquotienten nach D. M. GREENBERG, Aminoacids and Proteins, Springfield 1951

Es ist jedoch zu beachten, daß eine Erhöhung des Reibungsquotienten auch durch die Hydratationshülle des Proteinmoleküls hervorgerufen wird, die mengenmäßig etwa 0,2—0,6 g Wasser pro g Protein betragen und zu einer Erhöhung des Reibungsquotienten bis zu 20% führen kann.

Eine direkte Methode zur Bestimmung der Gestalt eines Proteinmoleküls ist durch die Elektronenmikroskopie möglich, sofern das Molekül größer als 50 Å ist. Der Nachteil dieses Verfahrens ist, daß man das zu untersuchende Protein vorher im Hochvakuum trocknen muß. Das führt aber oft zu wesentlichen Veränderungen der äußeren Gestalt.

Weitere Erkenntnisse über die spezielle räumliche Anordnung der Eiweißmoleküle sind durch Beugung von Röntgenstrahlen und anderen Methoden gewonnen worden (vergleiche hierzu S. **66**ff.).

2.7.9.1. Partielles spezifisches Volumen

Für die Berechnung von Molekulargewichten aus Sedimentationsuntersuchungen ist die Kenntnis des partiellen spezifischen Volumens eines Proteins notwendig.

Das partielle spez. Volumen ($\bar{V}$) ist das effektive Volumen eines Grammes Protein in Lösung und hat die Dimension (*ml/g*). Im Gegensatz dazu bezieht sich das Molvolumen einer Substanz auf 1 Mol.

Entsprechend der Definition von $\bar{V} = \left(\frac{\partial V}{\partial c}\right)_{p,T}$ ist das partielle spezifische Volumen aus der Änderung der Dichte bei verschiedenen Konzentrationen bestimmbar. Hierzu kann man pyknometrische Methoden oder moderne „Magnetic-float"-Methoden verwenden.

Natürlicherweise hängt $\bar{V}$ von der Temperatur, dem

pH-Wert der Lösung, der Ionenstärke usw. ab, und man hat aus diesem Grunde einen Standardwert bei 20 °C definiert.

2.7.10. *Kriterien der Reinheit von Proteinen*

Die Anwendung des Begriffes der Reinheit oder Homogenität aus der organischen und anorganischen Chemie auf Proteine ist schwierig, da es in der Eiweißchemie an eindeutigen Kriterien fehlt, einen Stoff als chemisch homogen zu charakterisieren. Kristallines Insulin ist das einzige Protein mit einem scharfen Schmelzpunkt bei 233 °C mit Zersetzung. Andere physikalische Eigenschaften, wie Dichte, spezifisches Refraktionsinkrement, partielles spezifisches Volumen, optische Rotation und schließlich bei Enzymen die katalytische Aktivität sind nur von begrenzter Aussagekraft. Für die Untersuchung der Homogenität eines Proteins werden heute im allgemeinen folgende Methoden herangezogen: Bestimmung des isoelektrischen Punktes, elektrophoretische Analysen, Kristallisation des Proteins, Bestimmung des Sedimentationsdiagrammes und des Löslichkeitsdiagrammes, Aktivitätskriterien bei Enzymen.

2.7.10.1. *Isoelektrischer Punkt*

Wie aus Tabelle 10 bereits ersichtlich ist, verlangt die Angabe des isoelektrischen Punktes eines Proteins eine genaue Definition der Ionenstärke, da der *IP* von Proteinen in starkem Maße von der Ionenkonzentration abhängt. So beträgt z. B. der *IP* von Human-γ_1-Globulin bei $I = 0{,}1$ 5,8 und bei $I = 0{,}01$ 6,6. Aber auch bei konstanter Ionenstärke läßt sich der *IP* von vielen Proteinen nur als pH-Bereich angeben, so daß man eigentlich von einem isoelektrischen Bereich sprechen müßte. Methoden zur Bestimmung des isoelektrischen Punktes sind: Elektrophorese, Titration, Löslichkeit, Diffusion.

2.7.10.2. Elektrophorese

Bei hohen Trennqualitäten der Methode können Verunreinigungen von 0,1% nachgewiesen werden, soweit sie gegenüber der Hauptkomponente im elektrischen Feld unterschiedlich wandern. Durch Kombination der elektrophoretischen Wanderung mit Molekularsiebtrennungen, wie es bei der Polyacrylamidgelelektrophorese oder der kombinierten Chromatographie-Elektrophorese verwirklicht wird, ist die Leistungsfähigkeit dieser Methode enorm gestiegen. Eine weitere Empfindlichkeitssteigerung wird durch spezifische Färbeverfahren unter Ausnutzung der enzymatischen Aktivität bei Enzymreinheitsuntersuchungen erreicht. Auf diese Weise kann man spezifisch Enzyme und Verunreinigungen durch Fremdaktivitäten nachweisen, deren Nachweisgrenze weit unterhalb der Erfassungsgrenze klassischer Proteinfärbungen liegt.

2.7.10.3. Sedimentation

Das Sedimentationsdiagramm eines Proteins (Abb. 25) ist ein wichtiges Kriterium für den Reinheitstest. Da die Sedimentationsgeschwindigkeit jedoch von der Dichte, Größe und Form des Partikels abhängt, werden Stoffe von annähernd gleichem Partikelgewicht und geometrischer Symmetrie nicht getrennt. Verunreinigungen mit unterschiedlichen Sedimentationskonstanten können etwa ab 2% erfaßt werden.

2.7.10.4. Löslichkeitstest

Die Bestimmung des Löslichkeitsdiagrammes ist eines der besten Reinheitskriterien für Proteine. Die Methode verlangt die Bestimmung der Menge des gelösten Proteins in einem bestimmten Volumen bei konstanter Temperatur und konstantem Druck. Die Löslichkeit der Proteine in Wasser wird durch die gleichen Gesetze be-

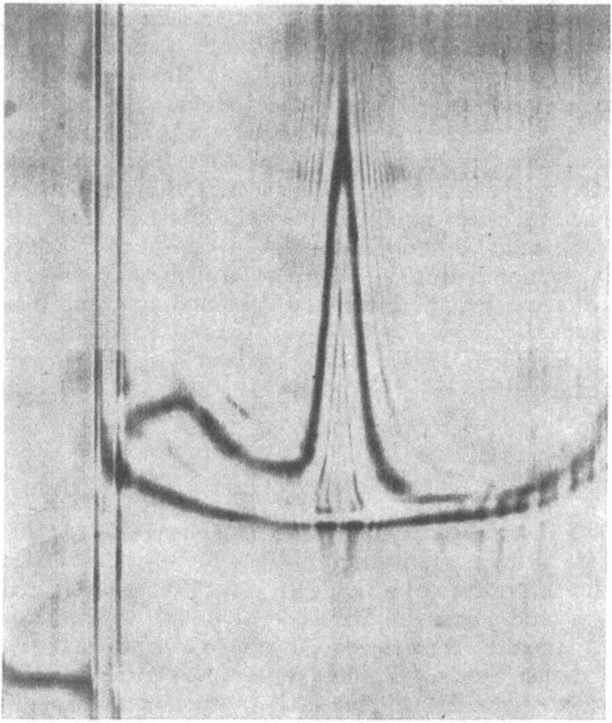

Abb. 25: Sedimentationsdiagramm (Schlierenoptik) von Hefe-Phosphofruktokinase (nach KOPPERSCHLÄGER)

stimmt, die auch für niedermolekulare Stoffe Gültigkeit haben (Phasenregel). In der Abbildung 26 ist ein typisches Löslichkeitsdiagramm für ein reines und ein verunreinigtes Protein dargestellt.

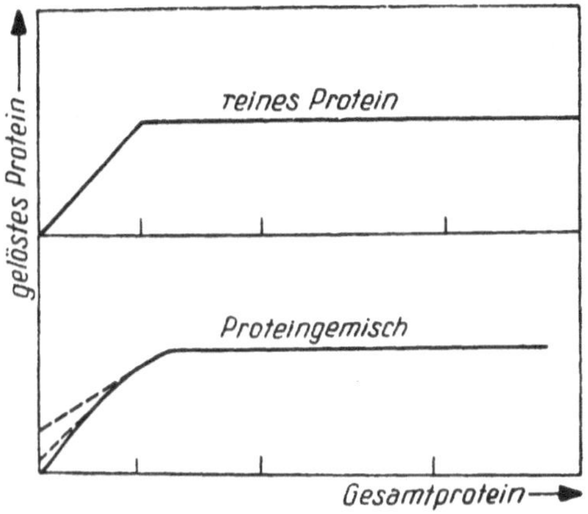

Abb. 26: Löslichkeitskurve eines reinen Proteins und eines Proteingemisches

2.7.10.5. Aktivitätskriterium

Bei der Reinigung von Enzymen spielen weniger Proteinverunreinigungen eine Rolle, die enzymatisch inaktiv sind, als vielmehr enzymatisch aktive Begleitstoffe, die unter Umständen das Enzym schneller denaturieren lassen (proteolytische Fremdaktivitäten) oder den Verwendungszweck eines Enzyms einschränken. Die Fremdaktivitäten können mitunter in so geringen Konzentrationen vorkommen, daß sie jedem anderen Nachweis entgehen. Man kann deshalb nur durch einen katalytischen Test auf die Anwesenheit solcher Verunreinigungen schließen.

2.7.10.6. Kristallisation

Die Kristallisation eines Proteins ist zwar ein Zeichen hohen Reinheitsgrades, aber sie schließt nicht aus, daß die Fraktionen Spuren von Fremdproteinen enthalten, die sich auch durch mehrfaches Umkristallisieren nicht entfernen lassen. Häufig treten dabei Mischkristallbildungen bei isomorpher Kristallisation beider Partner auf. Diese Erscheinung muß vor allem bei der Kristallisation von Enzymen beachtet werden.

3. Nucleinsäuren und freie Nucleotide

Die Nucleinsäuren wurden 1868 durch F. MIESCHER entdeckt. Er bezeichnete sie zuerst als Nuclein, da sie in den Zellkernen vorkommen. Es zeigte sich, daß das Nuclein MIESCHERS aus zwei Bestandteilen aufgebaut ist, einem Eiweiß- und einem Nucleinsäureanteil. Heute werden diese Komplexe als Nucleoproteine bezeichnet. Spätere Untersuchungsobjekte für Nucleinsäuren waren Hefezellen, Fischspermatozoen, Kalbsthymus und Vogelerythrozyten. In neuerer Zeit sind vor allem die Nucleinsäuren aus pflanzlichen und tierischen Viren wie auch aus Bakteriophagen Gegenstand bedeutender Forschungen geworden.

Die Nucleinsäuren bestehen aus drei verschiedenen Bestandteilen, die in charakteristischer Weise miteinander verbunden sind.

Purin- bzw. Pyrimidinbasen: Adenin, Guanin, Uracil, Cytosin, Thymin, 5-Methylcytosin, 5-Hydroxymethylcytosin und einige andere, in bestimmten Nucleinsäuren in kleineren Mengen vorkommende Basen, wie 2-Methyladenin, 6-Hydroxy-2-methylaminopurin usw.

Monosaccharide mit 5 Kohlenstoffatomen: D-Ribose, 2-Desoxy-D-ribose. Außer diesen vorwiegend vorkommenden Monosacchariden enthalten manche Ribonucleinsäuren in sehr kleinen Mengen 2′(3′)-O-Methylribose. Die Desoxyribonucleinsäure einiger Bakteriophagenstämme enthält Glucose, die glykosidisch mit 5'-Hydroxymethylcytosin verbunden ist.

Purinbasen

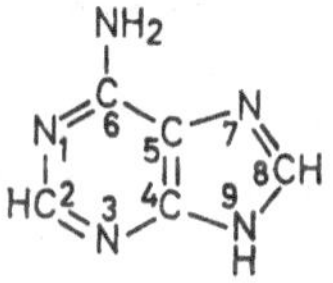

Adenin

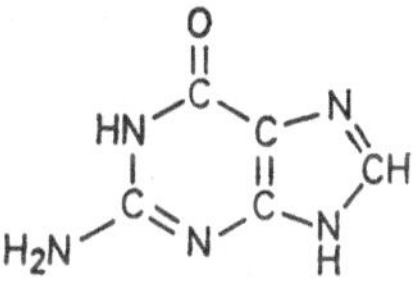

Guanin

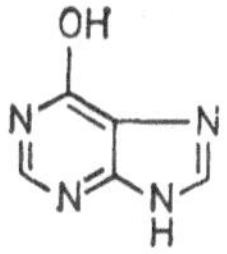

Hypoxanthin

Pyrimidinbasen

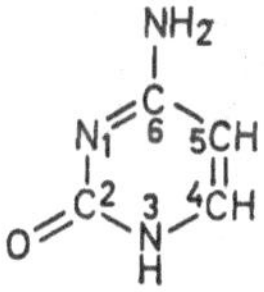

Cytosin

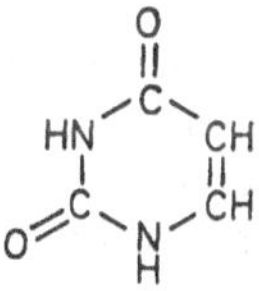

Uracil

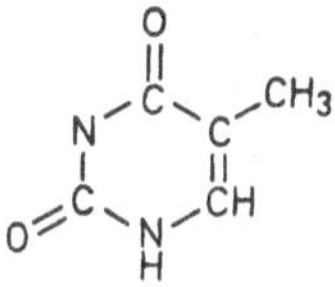

Thymin

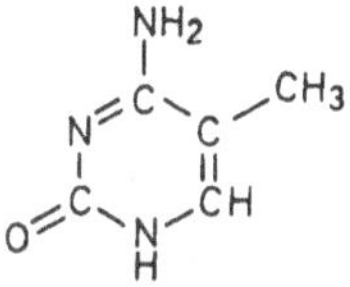

5-Methylcytosin

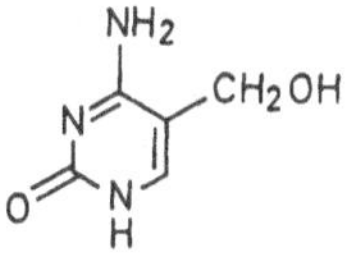

5-Hydroxy-methylcytosin

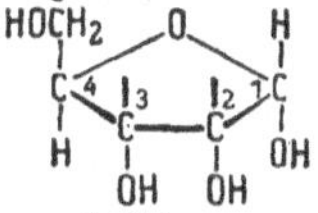

D-Ribose

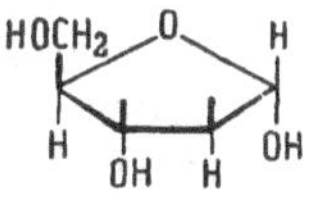

D-Desoxyribose

Phosphorsäure

Die Nucleinsäuren sind Makromoleküle mit Molekulargewichten zwischen 20000 und mehreren Millionen. Man kennt zwei verschiedene Typen, nämlich die Ribonucleinsäure (RNS) und die Desoxyribonucleinsäure (DNS).

3.1. Struktur der Nucleinsäuren und ihre Aufklärung

Zur Strukturaufklärung der Nucleinsäuremakromoleküle, d. h. zur Analyse der Art der Zusammenfügung der einzelnen Bausteine, sowie des räumlichen Aufbaues des Makromoleküls, wurden folgende Methoden angewandt: 1. Saure, alkalische und enzymatische *Hydrolyse* mit anschließender Trennung und Charakterisierung der Bausteine; 2. Potentiometrische Titration. Aus dem Verlauf der Titrationskurve lassen sich Rückschlüsse auf das Vorhandensein und die Zugänglichkeit bestimmter ionisierbarer Gruppen ziehen, z. B. von Phosphorsäureestern in einfacher oder mehrfacher Bindung. Solche Messungen zeigten, daß die Phosphorsäure diesterartig gebunden ist und lediglich eine primäre Phosphatgruppe mit einem pK von etwa 1 vorhanden ist. 3. Optische Methoden, wie Infrarot-Spektroskopie, UV-Absorption usw. Bei Nucleinsäuren ist eine *Hypochromie* zu beobachten, die darin besteht, daß die Lichtabsorption bei 260 nm, dem Maximum der Lichtabsorption der Purin- und Pyrimidinbasen, im geordneten Molekülverband geringer ist, als sich aus der Summe der die Nucleinsäure aufbauenden Basen rechnerisch ergibt. Die Hypochromie ist vom A- und T-Gehalt abhängig und ist deshalb bei der DNS größer als bei der RNS. Doppelsträngige Polynucleotide zeigen eine größere Hypochromie als einzelsträngige. 4. Untersuchung der Struktur der Nucleinsäuren mit Hilfe der Elektronenmikroskopie (s. S. 142), mittels der Ultrazentrifugationstechnik (entweder in der analytischen Ultrazentrifuge oder im CsCl-Dichtegradienten) sowie mit anderen Methoden (Streulichtphotometrie, Röntgenstrukturanalyse, optische Rotationsdispersion, Deuterium-Austausch, Viscositätsmessungen usw.) (s. S. 66).

Wie bei den Proteinen läßt sich bei den Polynucleotiden eine Primär- und eine Sekundärstruktur unterscheiden.

3.1.1. Erläuterung der Hydrolysemethoden

Unter stark sauren Bedingungen werden die Nucleinsäuren vollständig hydrolysiert. Man erhält ein Gemisch der drei Bestandteile, Base, Monosaccharid und Phosphat im Verhältnis 1:1:1. Kurzdauernde milde Säurehydrolyse führt zur Abspaltung der Purine aus der RNS, wobei die pyrimidinhaltigen *Apurinsäuren* entstehen. Bei ammoniakalischer Hydrolyse unter Druck kommt es zur Abspaltung von Phosphorsäure und zur Freisetzung von Bausteinen, die aus einer Base-Ribose-Verbindung (Nucleosid) bestehen. Hierbei wurden bei beiden Nucleinsäuretypen hauptsächlich fünf Nucleoside gefunden: *Adenosin*, *Guanosin*, *Cytidin*, *Uridin*, *Thymidin*. Bei längerer alkalischer Hydrolyse unter normalem Druck kommt es zur Freisetzung von Substanzen, die aus Base, Ribose und Phosphorsäure bestehen (*Nucleotide*).

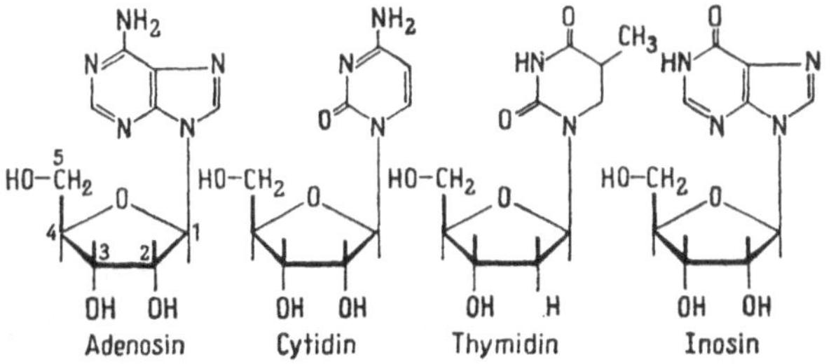

Es ist auch möglich, DNS und RNS enzymatisch zu spalten. Als Enzyme kommen hierfür in Betracht: RNasen, DNasen sowie Phosphodiesterasen. Hierbei lassen sich Enzyme aus verschiedenen Quellen (Tiere, Pflanzen, Mikroorganismen) mit unterschiedlicher Spezifität unterscheiden. Bei der Einwirkung von Milz-RNase auf RNS findet man als Spaltprodukte Nucleotide, die Phosphorsäure am Kohlenstoffatom 3 der Ribose gebunden enthalten. Auch die Wirkung von Milz-DNase führt zu 3'-Nucleotiden. Eine andere DNase (Thymus) hydrolysiert die an C-3 gebundene Phosphorsäure und liefert 5'Nucleotide als Spaltprodukte. Auch die Phosphodiesterase aus Schlangengift liefert 5'-Nucleotide. Enzyme mit einer höheren Spezifität findet man in der Takadiastase. RNase T_1 katalysiert die Spaltung einer Nucleotidbindung, die ausschließlich 3-Guanylsäurereste enthält. RNase T_2 spaltet Bindungen mit einem 3-Adenylsäurerest.

Später erkannte man, daß bei alkalischer Hydrolyse nicht ausschließlich 3'-Nucleotide entstehen, sondern daß dabei ein Gemisch von 3'- und 2'-Nucleotiden freigesetzt wird. Die 2'-Nucleotide stellen offensichtlich Kunstprodukte dar, die sich bei der alkalischen Hydrolyse bilden. Als Hydrolysezwischenprodukt entsteht wahrscheinlich ein cyclischer Diester:

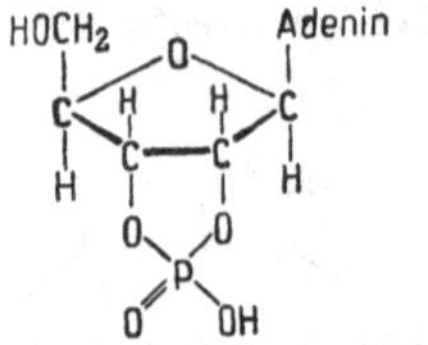

Adenosin-2,3-phosphat

Für die Bausteine und ihre Verknüpfung gilt:

a) Die Mononucleotide werden durch Phosphatbrücken, die sich zwischen dem Ribose- bzw. Desoxyribose-C-Atom des einen und dem C-Atom 5 des anderen Nucleotidzuckers befinden, verknüpft.

b) Der Zucker ist an seinem C-Atom 1 mit der jeweiligen Base verbunden.

Die Purinbasen sind im allgemeinen mit ihrem N-Atom 9, die Pyrimidinbasen mit ihrem N-Atom 3 gebunden

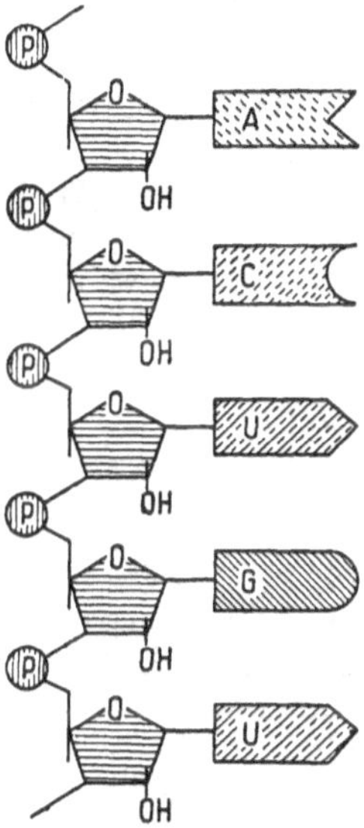

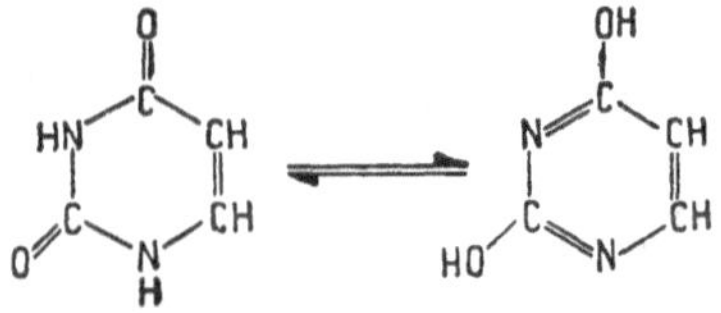

Lactam-Form Lactim-Form

(Ausnahme ist die in der löslichen RNS vorkommende *Pseudouridylsäure*).

c) Der Zucker liegt in den Nucleinsäuren in der D-Furanoseform vor, seine Bindung an die Base erfolgt β-glykosidisch.

d) Die Base liegt in den Nucleinsäuren in der Lactam-Form vor.

3.2. Aufbau, Eigenschaften und Vorkommen der DNS und RNS

Die genaue Basenanalyse zeigte, daß sich DNS und RNS außer in der Kohlenhydratkomponente (2-Desoxy-D-ribose resp. D-Ribose) auch in der Basenzusammensetzung unterscheiden. Die DNS enthält Adenin, Guanin, Cytosin, Thymin, aber auch 5-Methylcytosin (Thymus) und 5'-Hydroxymethylcytosin (Bakteriophagen). Die RNS enthält als Basen Adenin, Guanin, Cytosin, Uracil und außerdem in kleineren Mengen Hypoxanthin und einige methylierte Purine und Pyrimidine.

Als weitere Unterschiede zwischen DNS und RNS müssen aufgeführt werden: RNS ist alkalilabil und wird dabei zu Mononucleotiden aufgespalten, während DNS alkalistabil ist. Die Ursache dieses Unterschiedes ist, daß infolge Abwesenheit einer C-2-Hydroxygruppe in der Desoxyribose für die DNS keine Möglichkeit zur 2',3'-Diesterbildung besteht. Das Molekulargewicht der DNS (500000 bis zu mehreren Millionen) ist im allgemeinen größer als das der RNS (20000 bis 2000000). Beide Nucleinsäuren sind nicht verzweigt. In ihrem Vorkommen unterscheidet sich die RNS ebenfalls von der DNS. Die DNS ist vorwiegend im Zellkern (Chromosomen) lokalisiert, man findet sie aber auch im Cytoplasma (Mitochondrien, Plastiden, im Cytoplasma von Eizellen usw.) Die RNS findet man sowohl im Kern als auch im Cytoplasma; besonders reich an RNS sind der Nucleolus und die Ribosomenfraktion der Mikrosomen. Daneben kommt RNS auch in den Chromosomen und in gelöster Form in der cytoplasmatischen Flüssigkeit vor. Auch bei den Viren findet man RNS (pflanzliche Viren) oder DNS (Bakteriophagen, tierische Viren).

Mit dem unterschiedlichen Vorkommen sind die unterschiedlichen Funktionen der RNS und DNS eng verbunden. Es ist erwiesen, daß die DNS die Substanz der Erbanlagen (Gene) ist und in ihr das genetische Material des Organismus in „verschlüsselter" Form verankert ist.

Die RNS hat demgegenüber die Funktion, dem Cytoplasma die im genetischen Code verankerten Eigenschaften zu übermitteln, sie ist für die Prozesse der Proteinsynthese und ihre Spezifität verantwortlich (Näheres s. Teil III, IV).

Nach ihrer Funktion und ihrem Vorkommen unterscheidet man verschiedene RNS-Typen: a) Kern- und Nucleolus-RNS, b) Boten-RNS („Messenger"-RNS), c) Ribo-

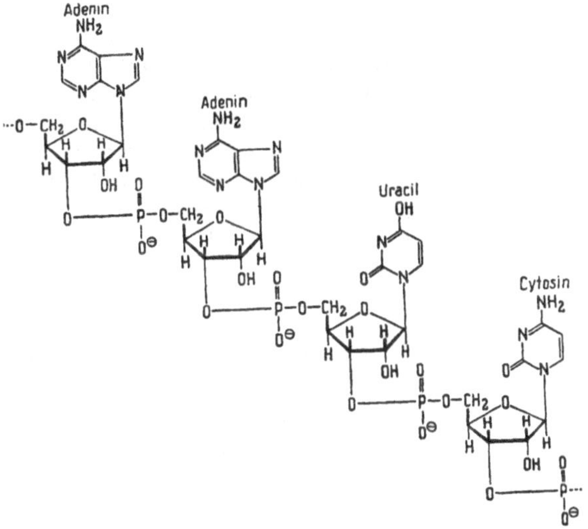

RNS-Struktur

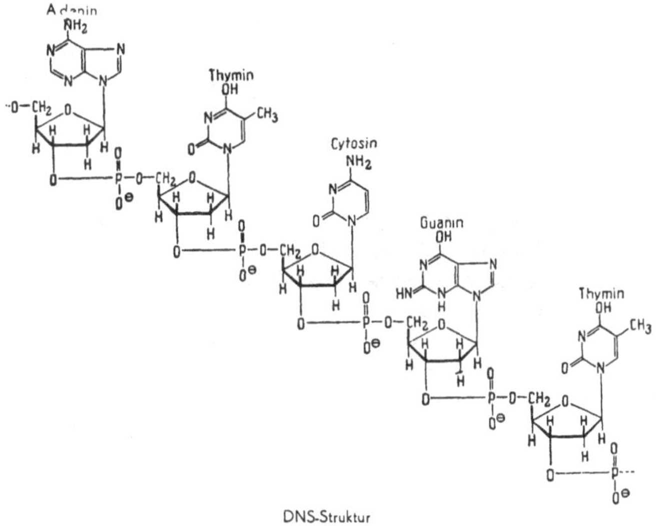

DNS-Struktur

somen-RNS, d) lösliche oder Acceptor-RNS („transfer-RNS"). Jeder dieser RNS-Typen ist ein Gemisch verschiedener individueller Nucleinsäuremoleküle mit hochspezifischer Struktur und Funktion. Erst in neuerer Zeit sind mittels verschiedenartiger Methoden (Gegenstromverteilung, Chromatographie an methyliertem Albumin und Ionenaustauschern sowie Molekülfiltration) homogeneNucleinsäurefraktionen isoliert und die Aufklärung der Nucleotidsequenz begonnen worden. Letztere ist wesentlich schwieriger als die Sequenzanalyse von Polypeptiden.

3.2.1. Primär- und Sekundärstruktur der RNS und DNS

Die verschiedenen Mononucleotide und ihre relativen Anteile in einer Nucleinsäure ermittelt man chromatographisch oder elektrophoretisch nach erfolgter Hydrolyse (alkalisch, sauer, enzymatisch). Die Sequenzanalyse erfordert jedoch hochentwickelte Methoden: a) Präparation und Nachweis individueller, d. h. homogener Nucleinsäurefraktionen und b) schrittweise und spezifische Hydrolyse unter Verwendung entsprechender Enzyme. Bei den löslichen Ribonucleinsäuren des Cytoplasmas, die eine „Lotsenfunktion" für die Aminosäuren im Rahmen der Proteinsynthese haben, wurden große Fortschritte bei der Aufklärung der Primärstruktur gemacht. Unter anderem wurden die Strukturen für die Alanin-, Serin-, Valin- und Tyrosin-spezifischen „Lotsen"-RNS-Moleküle aufgeklärt und dabei auch Einblicke in die Sekundärstruktur dieses RNS-Typs gewonnen. Zum Zwecke der Aufklärung ihrer Primärstruktur wurden spezifisch angreifende Enzyme eingesetzt: Pankreas-RNase, Schlangengift-Phosphodiesterase, Takadiastase T1-RNase und alkalische Phosphatase. Charakteristisch ist ihr relativ niedriges Molekulargewicht (25000). Sie sind aus etwa 80 Nucleotidresten aufgebaut und enthalten neben den üblichen, hauptsächlich in RNS vorkommenden Basen A, G, C, U noch Pseudouridylsäure (bei dieser

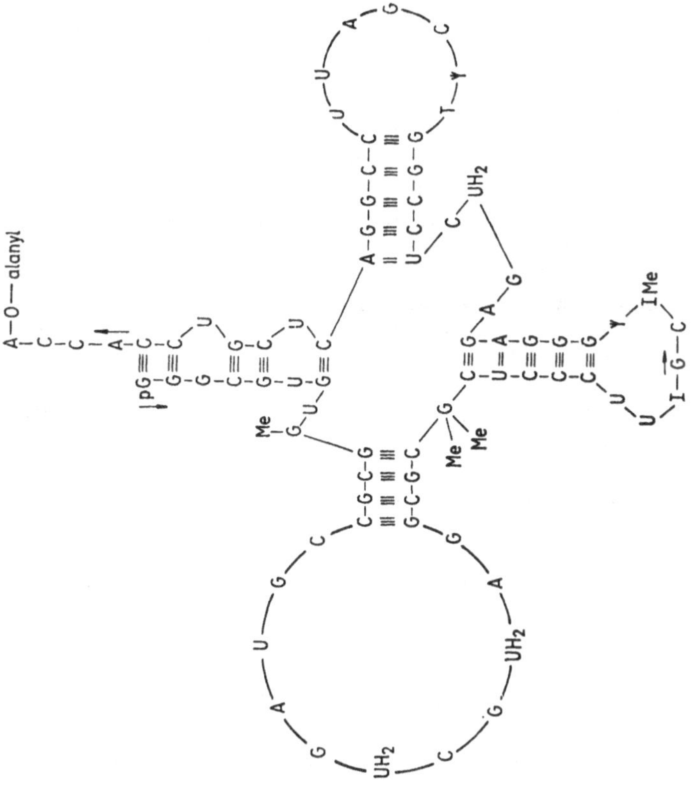

Abb. 27: Primär- und Sekundärstruktur der Alanin-spezifischen Transfer-RNS

ist die Ribose nicht wie üblich an das N-3 des Uracils, sondern an dessen C-5 gebunden) und verschiedene mono- und dimethylierte Purin- und Pyrimidinbasen. Für die Aufrechterhaltung der Sekundärstruktur ist die Gegenwart von Mg^{2+} absolut essentiell.

In der Abbildung 27 sind Primär- und Sekundärstruktur der Alanin-spezifischen Transfer-RNS wiedergegeben. Das eine Ende des Polynucleotidstranges trägt Guanosinmonophosphat (Gp), während sich am anderen Ende die Nucleotidgruppierung Cytidylsäure–Cytidylsäure–Adenosin befindet. An das Adenosin wird der Aminosäurerest gebunden, der von dieser RNS übertragen wird. Die Sekundärstruktur erinnert an ein 3-blättriges Kleeblatt. Es existieren vier Helixregionen, die jeweils aus komplementären Basen bestehen ($G \equiv C$, $A = U$; die Zahl der Striche zwischen den Basenpaaren geben die Zahl der Wasserstoffbindungen zwischen ihnen wieder. Das freie Nucleotidtriplett an der unteren Schleife dient als Matrizenerkennungsregion (s. Teil III, IV).

Die Molekulargewichte der Boten-RNS, der Ribosomen-RNS und vieler Virus-RNS-Typen sind wesentlich größer als die der löslichen RNS. Die Virus-RNS kann Molekulargewichte bis zu mehreren Millionen haben. Im allgemeinen sind diese Moleküle sehr flexibel, leicht deformierbar und verhalten sich bei niedriger Ionenstärke und höherer Temperatur wie statistische Knäuel.

Hochmolekulare RNS besitzt in Medien mit hoher Ionenstärke kurze Helixregionen mit AU- und GC-Paaren.

Die meisten RNS-Typen sind einzelfädig, eine Basenpaarung kann jedoch, wie oben beschrieben, eintreten, indem innerhalb eines einzigen Moleküls durch „Schlaufenbildung“ zueinander „passende“ Basen Wasserstoffbindungen ausbilden (A–U; G–C).

Bei RNS-*Viren* sind auch echte doppelfädige Ribonucleinsäuremoleküle nachgewiesen worden. In diesem Fall findet man etwa 20000–25000 Nucleotidreste pro RNS-Einzelfaden.

Über die Primärstruktur spezifischer DNS-Typen ist man gegenwärtig nur ungenügend unterrichtet. Ihre Sekundärstruktur ist jedoch schon lange vor der Sekundärstruktur der RNS erkannt worden (Watson und Crick). Trotz großer individueller Unterschiede in der *Basenzusammensetzung* verschiedener *Desoxyribonucleinsäuren* sind eine Reihe wichtiger Gesetzmäßigkeiten in ihrer Struktur zu finden. So ist das Verhältnis von Adenin zu Thymin in der DNS verschiedener Herkunft annähernd 1; dasselbe gilt für das Verhältnis Guanin zu Cytosin (+ 5-Methylcytosin). Die Verhältnisse der Summen Adenin + Thymin zu Guanin + Cytosin sind bei tierischer DNS größer als 1 und bei der DNS aus Mikroorganismen kleiner als 1. Die Summen der Purinnucleotide sind gleich der der Pyrimidinnucleotide, und die Verhältnisse der Basen, die am Kohlenstoffatom 6 eine Amino- bzw. eine Hydroxylgruppe tragen, sind gleich 1:1 ((Adenin + Cytosin + Methylcytosin):(Guanin + Uracil bzw. Thymin) = 1:1).

1. $\frac{A}{T} = \frac{G}{C} = 1$

2. $\frac{A + T}{G + C} > 1$ (tierische DNS); $\frac{A + T}{G + C} < 1$ (Mikroorganismen)

3. $A + G = T + C$

4. $(A + C + \text{Me–C}):(G + U + T) = 1$

Diese Feststellungen führten zusammen mit röntgenographischen Untersuchungen zu Vorstellungen über die *Sekundärstruktur der Desoxyribonucleinsäuren.* Danach sind je 2 nebeneinanderliegende Polynucleotidketten spiralförmig nach der Art einer Helix verdrillt angeordnet.

Die DNS-Doppelspirale hat folgende strukturelle Charakteristika: a) die beiden Polynucleotidketten

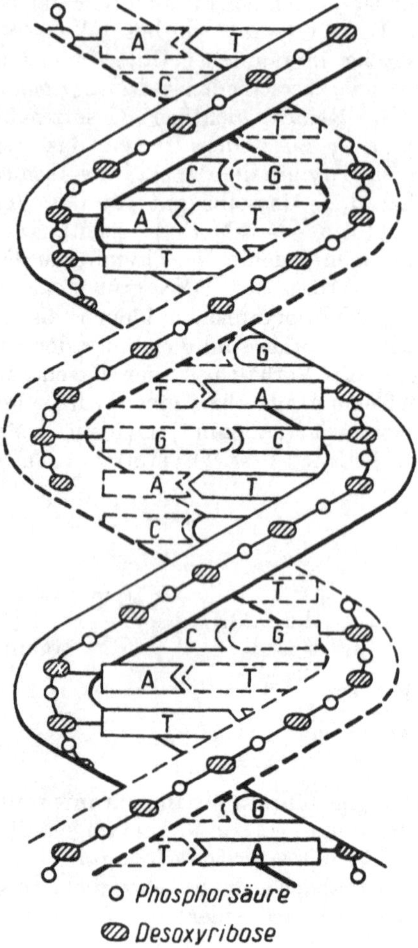
A
T
C
T
C
G
A
T
T
G
T
A
G
C
A
T
C
T
C
G
A
T
T
G
T
A
Phosphorsäure
Desoxyribose

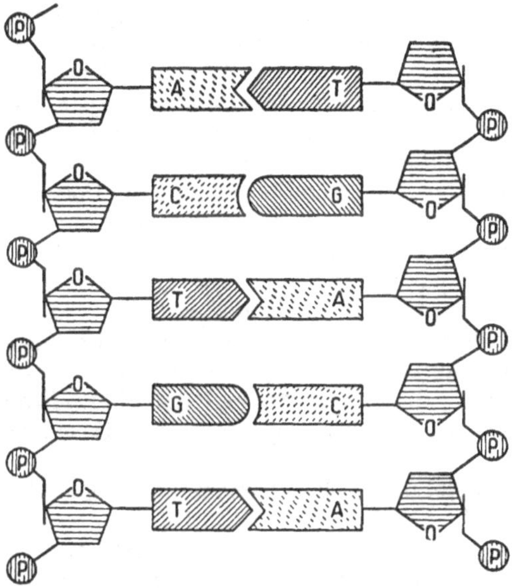

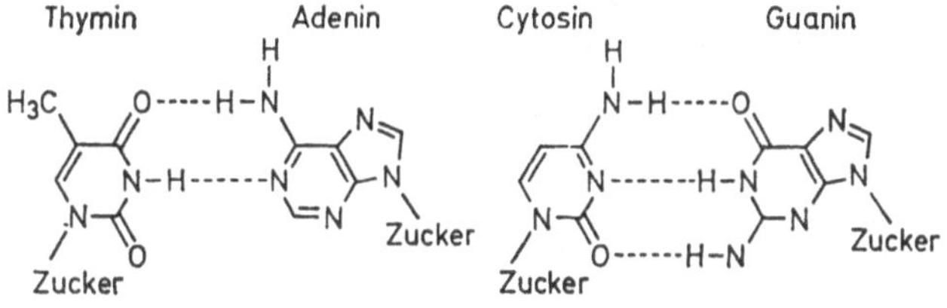

Basenpaarung in der DNS

haben eine entgegengesetzte Polarität, d. h. die Zwischennucleotidbindungen verlaufen in dem einen Strang von 3′ → 5′ und in dem anderen von 5′ → 3′, b) die beiden Spiralen sind „plectonemisch“ geknäuelt, d. h. die Doppelhelix kann in ihre Einzelfäden nicht ohne deren Aufwindung getrennt werden.

Die Stabilität dieser *Doppelspirale* ergibt sich aus der Existenz zahlreicher *Wasserstoffbindungen*, die sich zwischen je 2 gegenüberliegenden Basen, die nach innen orientiert sind, ausbilden. Es liegen sich jeweils die Basenpaare Thymin/Adenin und Cytosin/Guanin in einer derartigen *Doppelhelix* gegenüber (Paarungsregel). Diese Auffassung von der Doppelhelixnatur der Desoxyribonucleinsäure führte zu der Vorstellung, daß eine Einzelhelix jeweils das „Spiegelbild" des anderen Polynucleotidstranges darstellt, und daß nur solche Helices miteinander verbunden sind, die „zueinander passen".

Neben doppelfädigen Helices verschiedener Desoxyribonucleinsäuren sind auch einzelfädige DNS-Moleküle gefunden worden (z. B. in manchen Bakteriophagen). Während diese im allgemeinen *keine Basenpaarung* aufweisen, tritt diese jedoch bei der Bakteriophagen-*Replikation* ein (Entstehung der replikativen Form der Phagen-DNS).

Mittels molekularer Elektronenmikroskopie der DNS sind Einblicke in die Größenverhältnisse dieser Moleküle gewonnen worden. Dabei wird die DNS mittels eines osmotischen Schocks aus dem biologischen Material (z. B. Bakteriophagen) freigesetzt und dann zu einem monomolekularen Film unter Komplexbildung mit einem basischen Protein (Cytochrom c) gespreitet. Einzelfilamente mancher DNS-Typen können einen Durchmesser von etwa 20 Å haben. Vorsichtig präparierte DNS aus *M. lysodeikticus* hat eine Länge von etwa 1 mm. Aus T-Phagen sind DNS-Moleküle mit Längen von 50—70 μm isoliert worden.

Neben den einzel- oder doppelsträngigen DNS-Fäden mit zwei Enden gibt es in der Natur ringförmige DNS-Moleküle. Als solche wurde die DNS der Mitochondrien erkannt. Die mitochondriale DNS aus *Xenopus laevis* und *Rana pipiens* haben Molekulargewichte von etwa $10 \cdot 10^6$. Die circuläre mitochondriale DNS besteht aus zwei Fraktionen, einer leichteren (27,4 S) und einer schwereren Komponente (39,3 s). Beide sind in der Form einer geschlossenen Doppelspirale angeordnet. Auch die Polyoma-Virus-DNS, die Papilloma-Virus-DNS und die

Adenovirus-DNS haben cyclische Struktur. Andererseits wird bei manchen Virusarten eine cyclische Struktur der DNS auch vorgetäuscht. Nach der Isolierung der DNS kommt es infolge von kohäsiven Eigenschaften der Fadenenden zu Cyclisierungen, wobei ein Verlust ihrer biologischen Eigenschaften eintritt. Als Beispiel hierfür sei die DNS des Phagen Lambda genannt.

3.2.2. Denaturierung der DNS

Reversible oder irreversible Änderungen der Sekundärstruktur der DNS können bei mehr oder weniger drastischen Veränderungen des Mediums eintreten (Erhöhung der Temperatur, pH-Erhöhung oder -Senkung, Entfernung des Gegenions, Zugabe organischer Substanzen usw.). Der dabei am DNS-Molekül ablaufende Prozeß wird als „Denaturierung" bezeichnet. Das Gegenstück hierzu ist die Denaturierung der Proteine.

Bei der Denaturierung der DNS kommt es zu Veränderungen ihrer hydrodynamischen und optischen Eigenschaften. Es können aber auch spezifischere Wirkungen der DNS betroffen sein. Hierzu gehören die Antigen-Eigenschaften der geradzahligen glucosehaltigen T-Phagen und ihre Eigenschaften der Transformation und Infektion. Der Übergang vom nativen zum denaturierten Zustand ist durch eine S-förmige Kurve gekennzeichnet (Abb. 28). Der Schmelzpunkt („melting point, T_m) ist der Mittelpunkt des Übergangsbereiches.

Im Mittelpunkt der Kurve sind 50% der Moleküle vom nativen Zustand in die denaturierte Form umgewandelt worden. Folgende vier Parameter bestimmen die Breite des Übergangs:

1. *DNS-Conformation.* Je größer der Helixgehalt eines Polynucleotides ist, desto kleiner ist die Breite des Übergangs. Einzelsträngige DNS zeigt eine größere Übergangsbreite als doppelsträngige.

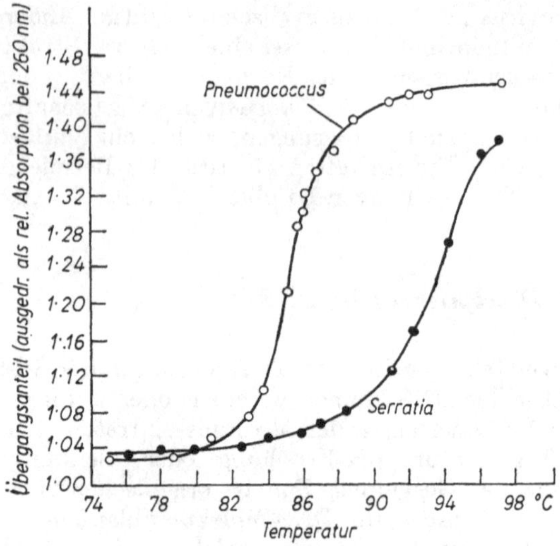

Abb. 28: Denaturierungsübergang bei Nucleinsäuren

2. *Molekulare Heterogenität.* Bei Vorliegen von zwei DNS-Molekülen, die sich in ihrer Zusammensetzung unterscheiden, kann man zwei verschiedene Übergangskurven erhalten.

3. *Intramolekulare Heterogenität.* Ein Vergleich verschiedener DNS-Formen des gleichen Molekulargewichtes, jedoch aus verschiedenen Quellen isoliert, zeigt, daß die Breite des Überganges variieren kann. Die Reihenfolge dabei ist: DNS-Viren < Mikroorganismen < höhere Organismen. Die Kooperativität des Überganges (ausgedrückt in Steilheit und Form der Übergangskurve) ist in verschieden zusammengesetzten, untereinander homogenen DNS-Typen verschieden. Dies zeigt, daß es Bezirke im DNS-Molekül geben muß, die weniger stabil als andere sind und schneller verändert werden als der Rest des Moleküls.

4. *Einfluß des Mediums.* Von besonderem Einfluß sind dabei die Ionenstärke und zweiwertige Kationen. Ihr Einfluß hängt von der Flexibilität des Polynucleotids ab. Je kompakter und starrer dieses ist, desto steiler verläuft der Übergang.

3.2.3. Nativer und denaturierter Zustand

Thermodynamische Überlegungen führen dazu, daß die Wasserstoffbindungen nur einen kleinen Anteil zur Stabilität der Polynucleotidstruktur beitragen, trotz ihrer großen Bedeutung als Kontrollfaktoren für Form und Spezifität der Helix. Das experimentell vorliegende Material zeigt, daß beim Übergang von der Helix zum statistischen Knäuel keine große Änderung in der Zahl der Wasserstoffbrücken eintritt. Der Hauptbeitrag zur Helixstabilität wird durch die hydrophoben oder apolaren Kräfte geliefert, darüber hinaus sind die π-Elektronen der benachbarten Basen und σ-Elektronen der entsprechenden Zucker für die Stabilisierung von Bedeutung. Wie bei Proteinen gibt es auch bei den Nucleinsäuren höchstwahrscheinlich einen Mehrschrittübergang von der nativen zur irreversibel denaturierten Form. Die einzelnen Schritte bestehen außer in der Aufhebung der eben genannten Bindungen in der Auflösung der Wasserstoffbindungen zwischen den Basen mit zuerst teilweiser, danach vollständiger Aufspaltung in die Einzelfäden, die dadurch in den irreversiblen bzw. schwer reversiblen Zustand des statistischen Knäuels übergehen.

Die experimentelle Auftrennung der Doppelstränge in Einzelstränge und ihre Rekombination ist möglich. Der Prozeß des Auseinanderweichens der Doppelfäden („Schmelzen") erfordert relativ extreme Bedingungen hinsichtlich der Temperatur und des pH-Wertes. Die Reaktion läuft innerhalb einiger Minuten ab, ist also relativ langsam. Da die Rekombination („Hybridisierung") eine Reaktion zweiter Ordnung ist, erfordert sie relativ hohe Konzentrationen an einzelsträngigen Nucleinsäuren. Solch eine Hybridisierung tritt nicht nur zwischen einzelnen DNS-Fäden auf, sondern auch zwischen DNS- und RNS-Einzelsträngen, sofern nur Basenpaarungen möglich sind (A–T; G–U, C–G). Diese Vorgänge sind wichtige Modellreaktionen für die biologisch ablaufenden Vorgänge der sog. identischen Replikation der DNS und der Biosynthese von Boten-RNS an der DNS-Matrize (s. Teil III).

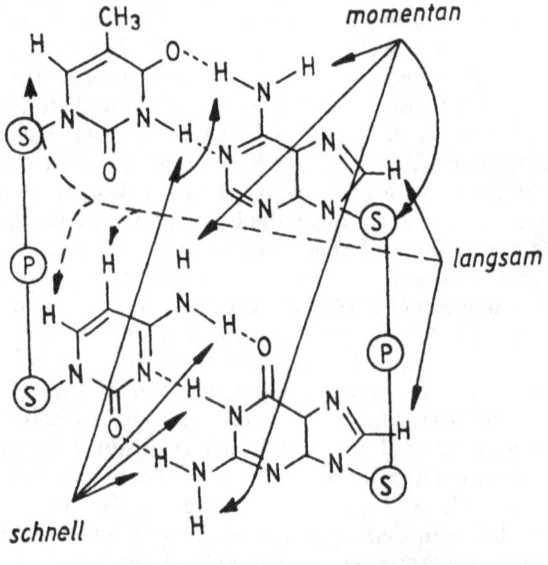

Abb. 29: Schema des Isotopenaustausches der verschiedenen Wasserstoffatome der DNS; mit S und P sind die Zucker- bzw. Phosphatreste der DNS angegeben (nach FRITZSCHE)

Zum Studium der „dynamischen“ Struktur der DNS unter milderen Bedingungen, bei denen noch kein Helix ⇌ Knäuelübergang eintritt, hat sich die Messung des Wasserstoff–Deuterium-Austausches sehr bewährt. Da sie eine sehr empfindliche Methode ist, erlaubt sie, kleine Strukturfluktuationen, wie sie auch unter biologischen Bedingungen auftreten, nachzuweisen. Auch bei der DNS gibt es wie bei den Eiweißen schnell und langsam austauschbare Protonen, je nach ihrer Lage und ihrem Bindungszustand im Molekül (s. S. 73) (Abb. 29).

3.3. Freie Nucleotide

Den makromolekularen Nucleinsäuren stehen die *freien Nucleotide* gegenüber. Diese besitzen Molekulargewichte bis zu etwa 1000. Die Grundstruktur eines Nucleotides *Base–Pentose–Phosphat* ist in ihnen in reiner oder abgewandelter Form vorhanden. Die freien Nucleotide sind entweder Zwischenprodukte der Nucleinsäuresynthese oder haben hochspezifische Stoffwechselfunktionen inne. Diese sind grundsätzlich von den Funktionen der Nucleinsäuren zu unterscheiden.

3.3.1. Das Adenylsäuresystem

Vom *Adenosin-5'-monophosphat* (5'-AMP, *Muskeladenylsäure*) leiten sich ab: *Adenosin-5'-diphosphat* (ADP) und *Adenosin-5'-triphosphat* (*ATP*).

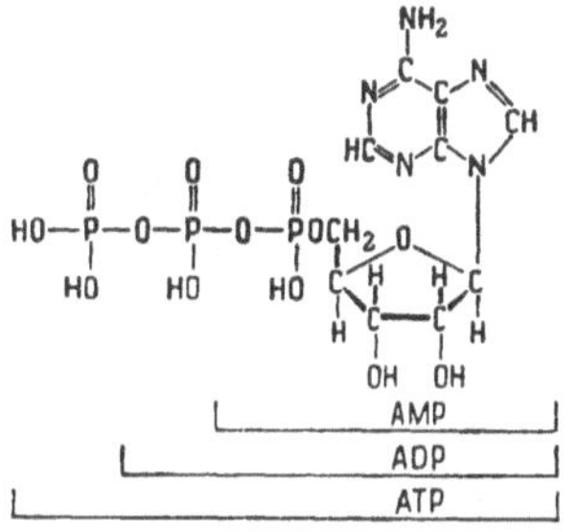

Außerdem sind Adenosin-tetraphosphat und noch höher phosphorylierte Produkte nachgewiesen worden. Das Adenylsäuresystem hat eine Schlüsselstellung im

Zwischenstoffwechsel inne. Seine Bedeutung liegt vor allem darin, daß es als Energiespeicher und Energieüberträger fungiert. Die beiden *Pyrophosphatbindungen* im ATP und die eine Pyrophosphatbindung im ADP sind als „energiereiche Phosphatbindungen" aufzufassen (s. Kapitel „Biochemische Thermodynamik", Teil II). Bei der Hydrolyse des ATP zum ADP tritt eine Änderung der freien Enthalpie um −8000 cal ein. Die gleiche Änderung der freien Enthalpie findet man beim Übergang vom ADP zum AMP. Die Esterbindung im AMP liefert bei ihrer Hydrolyse nur 3000 cal. Neben dem Adenosin-5'-monophosphat kommt das *Adenosin-3'.5'-monocyclophosphat* vor, welches bedeutsame Stoffwechselfunktionen besitzt (s. Teil II).

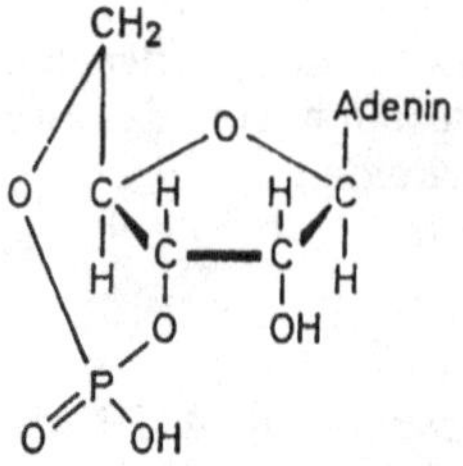

Adenosin-3,5-monocyclophosphat

Mit dem AMP ist die *Inosinsäure* eng verwandt, die statt des Adenins Hypoxanthin enthält. Von der Inosinsäure leiten sich die höher phosphorylierten Produkte Inosindiphosphat (IDP) und Inosintriphosphat (ITP) ab.

3.3.2. Weitere Nucleotide

Als weitere Nucleotide, die mit dem Adenylsäuresystem verwandt sind und mit ihm im Stoffwechsel eng zusammenhängen, seien die Mono-, Di- und Triphosphate des Guanosins, Uridins und Cytidins genannt. Neben ihren energiespeichernden und -übertragenden Funktionen haben die Cytidin- und Uridinnucleotide wichtige spezifische Funktionen im Lipoid- und Kohlenhydratstoffwechsel inne. Hier seien genannt: *CDP-Cholin* für die Synthese der Phosphatide und *UDP-Glucosid* bzw. UDP-Galaktosid als Coenzyme bzw. Substrate im Stoffwechsel der Monosaccharide. Auch Verbindungen des UDP mit Uronsäuren (Galakturon- und Glucuronsäure) müssen an dieser Stelle genannt werden.

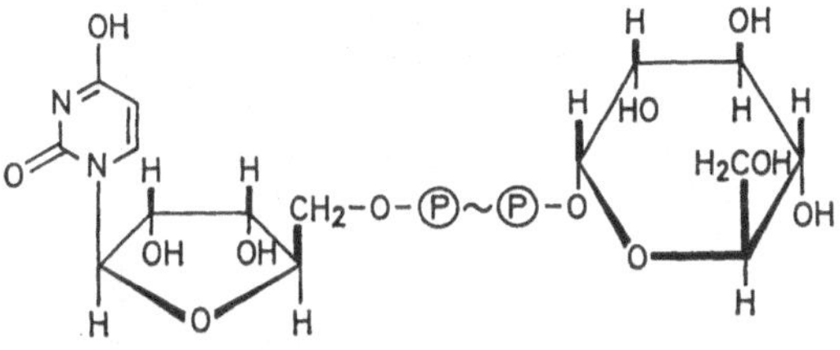

Uridindiphosphatglucosid

Einige weitere freie Nucleotide mit spezifischen Stoffwechselfunktionen enthalten die Nucleotidstruktur in mehr oder weniger abgewandelter Weise. Hier sind die wasserstoffübertragenden Coenzyme *Nicotinsäureamid-adenin-dinucleotid* (NAD^+) und *Nicotinsäureamid-adenin-dinucleotidphosphat* (*$NADP^+$*) sowie zwei Abkömmlinge des Riboflavins zu nennen. NAD^+ und $NADP^+$ bestehen aus 2 Nucleotidhälften, von denen die eine Adenosin-5'-monophosphat (beim NAD^+) bzw. Adenosin-2'.5'-diphosphat (im Falle des $NADP^+$) ist und die andere Hälfte Nicotinsäureamidribosephosphat darstellt. Ihre wasserstoffübertragenden Funktionen werden dadurch ermöglicht, daß sie im oxydierten und reduzierten Zustand vorliegen können. Im oxydierten Zustand liegt der Pyridin-Stickstoff des NAD^+ bzw. $NADP^+$ im quarternären Zustand vor, beim Übergang zum reduzierten Zustand tritt eine Elektronenverschiebung im Pyridinring unter Entstehung von 3wertigem Stickstoff und Wasserstoffanlagerung in p-Stellung ein (s. Teil II),

(*Absorptionsspektren* des reduzierten und oxydierten NAD^+ bzw. $NADP^+$ s. Abb. 30).

Als Riboflavinderivate mit wasserstoffübertragender Coenzymfunktion sind das *Flavinmononucleotid* (FMN)

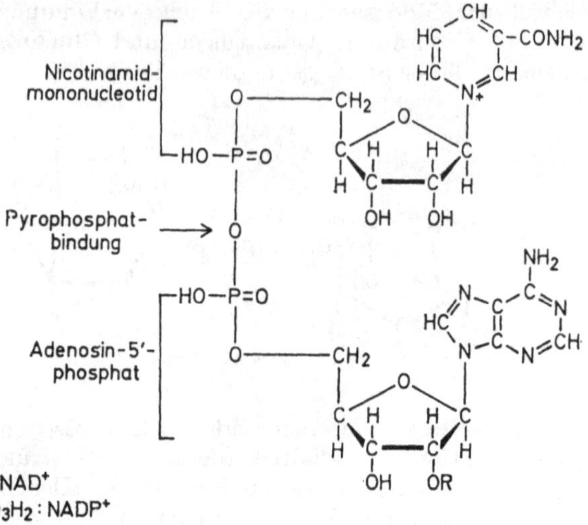

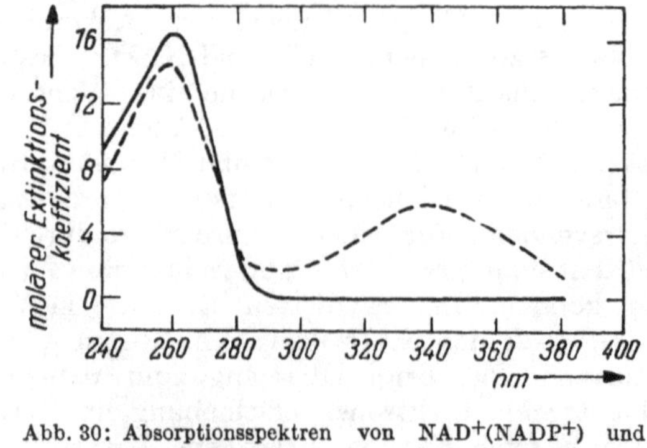

Abb. 30: Absorptionsspektren von $NAD^+(NADP^+)$ und $NADH_2$ $(NADPH_2)$ ——— $NAD^+(NADP^+)$; – – – $NADH_2$ $(NADPH_2)$

und *Flavin-adenin-dinucleotid* (FAD) zu nennen. Das FMN enthält keine Ribose, sondern den Alkohol Ribitol (Unterschied zu anderen Nucleotiden). Das FAD besteht aus zwei Molekülhälften, von denen die eine FMN und die andere AMP ist. Auch diese beiden Nucleotidhälften sind wie bei NAD^+ und $NADP^+$ über eine Pyrophosphatbindung miteinander verbunden. Die hetero-

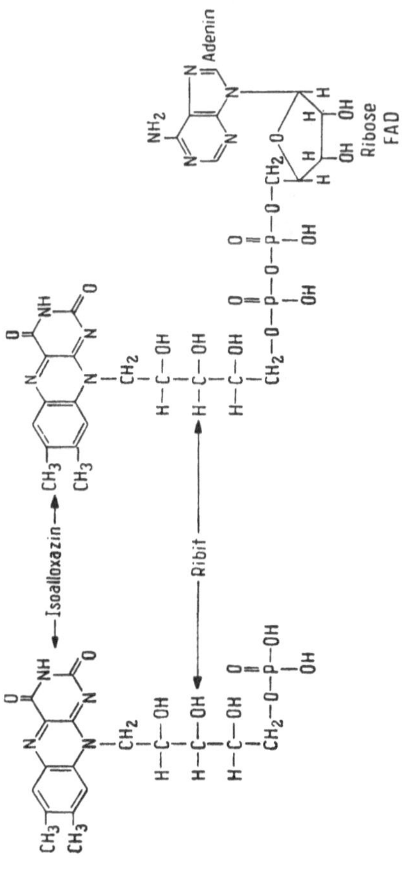

cyclischen Basen im FMN und FAD sind Isoalloxazin und Adenin. Das Isoalloxazin ist als Derivat des Kondensationsproduktes von Pteridin und Benzol aufzufassen (s. Formel S. 151).

Als weitere nucleotidähnliche Substanz sei das *Coenzym A* (CoA) genannt. Dieses spielt eine entscheidende Rolle im Stoffwechsel von Fettsäuren, nämlich bei ihrer Aktivierung und ihrer Übertragung. (Acylaktivierung und Transacylierung). Es besteht aus Adenin, Ribose, drei Molekülen Phosphorsäure, einem Molekül Pantothensäure und einem Molekül Cysteamin. Pantothensäure ihrerseits ist aus β-, β'-Dimethyl-α,γ-dihydroxybuttersäure und β-Alanin aufgebaut. Die wirksame Gruppe in CoA ist die SH-Gruppe des Cysteamins.

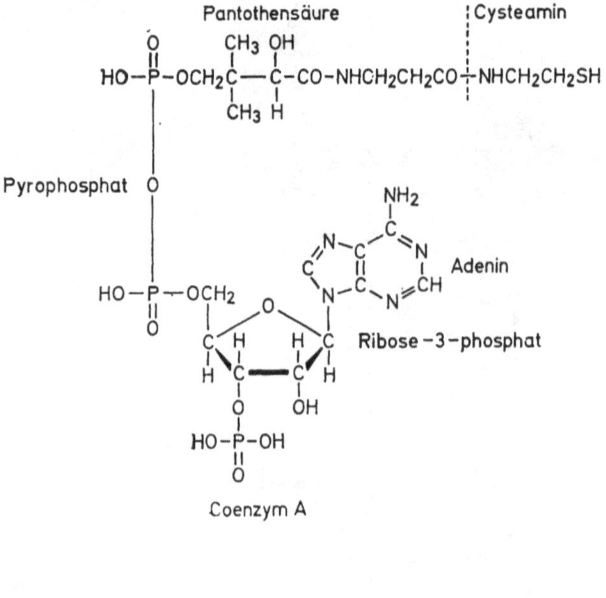

Coenzym A

4. Sachregister

Der Verfasser

- **beschreibt die Entwicklungsrichtung der modernen Biochemie und gibt eine Einführung in die Biochemie der Proteine und Nucleinsäuren als Makromoleküle**

- **beschreibt die Primär-, Sekundär-, Tertiär- und Quartärstruktur biologisch wichtiger Proteine**

- **bespricht die Beziehungen zwischen der Struktur biologischer Makromoleküle und ihren biologischen Eigenschaften**

- **wendet sich an alle Naturwissenschaftler und Mediziner, an die Studierenden der Medizin, Biochemie, Biologie, Pharmazie und Landwirtschaft sowie an Oberschullehrer**

WISSENSCHAFTLICHE TASCHENBÜCHER

FSC
www.fsc.org
MIX
Papier | Fördert gute Waldnutzung
FSC® C083411

Kolibri 360 GmbH
Ferdinand-Jühlke-Straße 7
99095 Erfurt, Deutschland
produktsicherheit@kolibri360.de